青少年人工智能编程 启蒙丛书

电子器件
与电子CAD技术

谌受柏 于炜芳 刘小婷 主 编
胡志强 陈 芳 朱 勇 龚运新 副主编

清華大学出版社
北京

内 容 简 介

本书包含15个项目，首先通过电子积木来认识基本的电子元器件，将元器件组成简单、有趣的应用产品或艺术品，这些美观、实用的产品很有趣味性，可以进一步提高课程的吸引力；其次用CAD（计算机辅助设计）软件制作出这些产品的原理图，将玩积木和学知识有机融合，以保证知识的无缝衔接，平稳过渡。

本书内容科学、专业，可作为中小学“人工智能”课程的入门教材，可作为第三方进校园、学校社团活动、学校课后服务（托管服务）课程、科创课程的教材，可作为校外培训机构和社团机构相关专业的教材，还可作为自学人员的自学教材或家长辅导孩子的指导书。

图书在版编目（CIP）数据

电子器件与电子CAD技术.上 / 谌受柏，于炜芳，刘小婷主编；胡志强等副主编. -- 北京：清华大学出版社，2024. 8. --（青少年人工智能编程启蒙丛书）.

ISBN 978-7-302-67066-7

Ⅰ. TN6-49；TN410.2-49

中国国家版本馆CIP数据核字第2024AU2667号

责任编辑：袁勤勇　杨　枫
封面设计：刘　键
责任校对：王勤勤
责任印制：刘海龙

出版发行：清华大学出版社
网　　址：https://www.tup.com.cn，https://www.wqxuetang.com
地　　址：北京清华大学学研大厦A座　　**邮　　编**：100084
社 总 机：010-83470000　　**邮　　购**：010-62786544
投稿与读者服务：010-62776969, c-service@tup.tsinghua.edu.cn
质量反馈：010-62772015, zhiliang@tup.tsinghua.edu.cn
课件下载：https://www.tup.com.cn,010-83470236
印 装 者：三河市铭诚印务有限公司
经　　销：全国新华书店
开　　本：185mm×260mm　　**印　　张**：9　　**字　　数**：135千字
版　　次：2024年9月第1版　　**印　　次**：2024年9月第1次印刷
定　　价：39.00元

产品编号：102975-01

丛书顾问委员会名单

新时代赋予新使命，人工智能正在从机器学习、深度学习快速迈入大模型通用智能（AGI）时代，新一代认知人工智能赋能千行百业转型升级，对促进人类生产力创新可持续发展具有重大意义。

创新的源泉是发现和填补生产力体系中的某种稀缺性，而创新本身是21世纪人类最为稀缺的资源。若能以战略科学设计驱动文化艺术创意体系化植入科学技术工程领域，赋能产业科技创新升级高质量发展甚至撬动人类产业革命，则中国科技与产业领军世界指日可待，人类文明可持续发展才有希望。

国家要发展，主要内驱力来自精神信念与民族凝聚力！从人工智能的视角看，国家就像是由14亿台神经计算机组成的机群，信仰是神经计算机的操作系统，精神是神经计算机的应用软件，民族凝聚力是神经计算机网络执行国际大事的全维度能力。

战略科学设计如何回答钱学森之问？从关键角度简要解读如下。

（1）设计变革：从设计技术走向设计产业化战略。

（2）产业变革：从传统产业走向科创上市产业链。

（3）科技变革：从固化学术研究走向院士创新链。

（4）教育变革：从应试型走向大成智慧教育实践。

（5）艺术变革：从细分技艺走向各领域尖端哲科。

（6）文化变革：从传承创新走向人类文明共同体。

（7）全球变革：从存量博弈走向智慧创新宇宙观。

宇宙维度多重，人类只知一角，是非对错皆为幻象。常规认知与高维认知截然不同，从宇宙高度考虑问题相对比较客观。前人理论也可颠覆，毕竟宇宙之大，人类还不足以窥见万一。

探索创新精神，打造战略意志；

成功核心，在于坚韧不拔信念；

信念一旦确定，百慧自然而生。

丛书顾问委员会由俄罗斯自然科学院院士、武汉理工大学教授郑刚强，清华大学博士陈桂生，湖南省教育督导评估专家谢平升，麻城市博达学校校长李理，中国科学院自动化研究所研究员汤淑明，武汉人工智能研究院研究员、院长王金桥，武汉大学计算机学院智能化研究所教授马于涛，麻城市博达学校董事长李尧东，无锡科技职业学院教授龚运新，黄冈市黄梅县教育局周时佐，麻城市博达学校董事李知，黄冈市黄梅县实验小学向俊雅、郭翠琴，黄冈市黄梅县八角亭中学洪小娟等组成。

人工智能教育已经开展了十几年。这十几年来，市场上不乏一些好教材，但是很难找到一套适合的、系统化的教材。学习一下图形化编程，操作一下机器人、无人机和无人车，这些零散的、碎片化的知识对于想系统学习的读者来说很难，入门较慢，也培养不出专业人才。近些年，国家已制定相关文件推动和规范人工智能编程教育的发展，并将编程教育纳入中小学相关课程。

鉴于以上事实，编委会组织专家团队，集合多年在教学一线的教师编写了这套教材，并进行了多年教学实践，探索了教师培训和选拔机制，经过多次教学研讨，反复修改，反复总结提高，现将付梓出版发行。

人工智能知识体系包括软件、硬件和理论，中小学只能学习基本的硬件和软件。硬件主要包括机械和电子，软件划分为编程语言、系统软件、应用软件和中间件。在初级阶段主要学习编程软件和应用软件，再用编程软件控制简单硬件做一些简单动作，这样选取的机械设计、电子控制系统硬件设计和软件 3 部分内容就组成了人工智能教育阶段的入门知识体系。

本丛书在初级阶段首先用电子积木和机械积木作为实验设备，选择典型、常用的电子元器件和机械零部件，先了解认识，再组成简单、有趣的应用产品或艺术品；接着用 CAD（计算机辅助设计）软件制作出这些产品的原理图或机械图，将玩积木上升为技术设计和学习 CAD 软件。这样将玩积木和学知识有机融合，可保证知识的无缝衔接，平稳过渡，通过几年的教学实践，取得了较好效果。

中级阶段学习图形化编程，也称为 2D 编程。本书挑选生活中适合中小学生年龄段的内容，做到有趣、科学，在编写程序并调试成功的过程中，发展思维、提高能力。在每个项目中均融入相关学科知识，体现了专业性、严谨性。特别是图形化编程适合未来无代码或少代码的编程趋势，满足大众学习编程的需求。

图形化编程延续玩积木的思路，将指令做成积木块形式，编程时像玩积木一样将指令拼装好，一个程序就编写成功，运行后看看结果是否正确，不正确再修改，直到正确为止。从这里可以看出图形化编程不像语言编程那样有完善的软件开发系统，该系统负责程序的输入，运行，指令错误检查，调试（全速、单步、断点运行）。尽管软件不太完善，但对于初学者而言还是一种有趣的软件，可作为学习编程语言的一种过渡。

在图形化编程入门的基础上，进一步学习三维编程，在维度上提高一维，难度进一步加大，三维动画更加有趣，更有吸引力。本丛书注重编写程序全过程能力培养，从编程思路、程序编写、程序运行、程序调试几方面入手，以提高读者独立编写、调试程序的能力，培养读者的自学能力。

在图形化编程完全掌握的基础上，学习用图形化编程控制硬件，这是软件和硬件的结合，难度进一步加大。《图形化编程控制技术（上）》主要介绍单元控制电路，如控制电路设计、制作等技术。《图形化编程控制技术（下）》介绍用 Mind+ 图形化编程控制一些常用的、有趣的智能产品。一个智能产品要经历机械设计、机械 CAD 制图、机械组装制造、电气电路设计、电路电子 CAD 绘制、电路元器件组装调试、Mind+ 编程及调试等过程，这两本书按照这一产品制造过程编写，让读者知道这些工业产品制造的全部知识，弥补市面上教材的不足，尽可能让读者经历现代职业、工业制造方面的训练，从而培养智能化、工业社会所需的高素质人才。

高级阶段学习 Python 编程软件，这是一款应用较广的编程软件。这一阶段正式进入编程语言的学习，难度进一步加大。编写时尽量讲解编程方法、基本知识、基本技能。这一阶段是在《图形化编程控制技术（上）》的基础上学习 Python 控制硬件，硬件基本没变，只是改用 Python 语言编写程序，更高阶段可以进一步学习 Python、C、C++ 等语言，硬件方面可以学习单片机、3D 打印机、机器人、无人机等。

本丛书按核心知识、核心素养来安排课程，由简单到复杂，体现知识的递进性，形成层次分明、循序渐进、逻辑严谨的知识体系。在内容选择上，尽量以趣味性为主、科学性为辅，知识技能交替进行，内容丰富多彩，采用各种方法激活学生兴趣，尽可能展现未来科技，为读者打开通向未来的一扇窗。

我国是制造业大国，与之相适应的教育体系仍在完善。在义务教育阶段，职业和工业体系的相关内容涉及较少，工业产品的发明创造、工程知识、工匠精神等方面知识较欠缺，只能逐步将这些内容渗透到入门教学的各环节，从青少年抓起。

从书编写时，坚持“五育并举，学科融合”这一教育方针，并贯彻到教与学的每个环节中。本丛书采用项目式体例编写，用一个个任务将相关知识有机联系起来。例如，编程显示语文课中的诗词、文章，展现语文课中的情景，与语文课程紧密相连，编程进行数学计算，进行数学相关知识学习。此外，还可以编程进行英语方面的知识学习，创建多学科融合、共同提高、全面发展的教材编写模式，探索多学科融合，共同提高，达到考试分数高、综合素质高的教育目标。

五育是德、智、体、美、劳。将这五育贯穿在教与学的每个过程中，在每个项目中学习新知识进行智育培养的同时，进行其他四育培养。每个项目安排的讨论和展示环节，引导读者团结协作、认真做事、遵守规章，这是教学过程中的德育培养。提高读者语文的写作和表达能力，要求编程界面美观，书写工整，这是美育培养。加大任务量并要求快速完成，做事吃苦耐劳，这是在实践中同时进行的劳育与体育培养。

本丛书特别注重思维能力的培养，知识的扩展和知识图谱的建立。为打破学科之间的界限，本丛书力图进行学科融合，在每个项目中全面介绍项目相关的知识，丰富学生的知识广度，加深读者的知识深度，训练读者的多向思维，从而形成解决问题的多种思路、多种方法、多种技能，培养读者的综合能力。

本丛书将学科方法、思想、哲学贯穿到教与学的每个环节中。在编写时将学科思想、学科方法、学科哲学在各项目中体现。每个学科要掌握的方法和思想很多，具体问题要具体分析。例如编写程序，编写时选用面向过程还是面向对象的方法编写程序，就是编程思想；程序编写完成后，编译程序、运行程序、观察结果、调试程序，这些是方法；指令是怎么发明的，指令在计算机中是怎么运行的，指令如何执行……这些问题里蕴含了哲学思想。以上内容在书中都有涉及。

本丛书特别注重读者工程方法的学习，工程方法一般包括 6 个基本步骤，分别是想法、概念、计划、设计、开发和发布。在每个项目中，对这 6 个步骤有些删减，可按照想法（做个什么项目）、计划（怎么做）、开发（实际操作）、展示（发布）这 4 步进行编写，让学生知道这些方法，从而培养做事的基本方法，养成严谨、科学、符合逻辑的思维方法。

教育是一个系统工程，包括社会、学校、家庭各方面。教学过程建议培训家长，指导家庭购买计算机，安装好学习软件，在家中进一步学习。对于优秀学生，建议继续进入专业培训班或机构加强学习，为参加信息奥赛及各种竞赛奠定基础。这样，社会、学校、家庭就组成了一个完整的编程教育体系，读者在家庭自由创新学习，在学校接受正规的编程教育，在专业培训班或机构进行系统的专业训练，环环相扣，循序渐进，为国家培养更多优秀人才。国家正在推动“人工智能”“编程”“劳动”“科普”“科创”等课程逐步走进校园，本丛书编委会正是抓住这一契机，全力推进这些课程进校园，为建设国家完善的教育生态系统而努力。

本丛书特别为人工智能编程走进学校、走进家庭而写，为系统化、专业化培养人工智能人才而作，旨在从小唤醒读者的意识、激活编程兴趣，为读者打开窥探未来技术的大门。本丛书适用于父母对幼儿进行编程启蒙教育，可作为中小学生“人工智能”编程教材、培训机构教材，也可作为社会人员编程培训的教材，还适合对图形化编程有兴趣的自学人员使用。读者可以改变现有游戏规则，按自己的兴趣编写游戏，变被动游戏为主动游戏，趣味性较高。

“编程”课程走进中小学课堂是一次新的尝试，尽管进行了多年的教学实践和多次教材研讨，但限于编者水平，书中不足之处在所难免，敬请读者批评指正。

丛书顾问委员会

2024 年 5 月

近些年，国家已制定了相关文件推动和规范编程教育的发展，将编程教育纳入中小学相关课程。为了帮助教师更有效地进行编程教育，让学生学好每一节编程课，编委会组织多年在教学一线的教师编写了一系列图书，经过多次教学研讨，反复修改，反复总结提高，现将其付诸出版发行。

本套教材（包含《电子器件与电子 CAD 技术（上）》和《电子器件与电子 CAD 技术（下）》）在初级阶段用常用电子积木和常用机械积木作为实验设备，选择典型、常用的电子元器件和机械零部件，组成简单、有趣的应用产品或艺术品，并用 CAD（计算机辅助设计）软件制作出这些产品原理图或机械图，最后讲解器件相关知识，将玩积木上升为技术设计和学习 CAD 软件，这样将玩积木和学知识有机融合，保证了知识的无缝衔接、平稳过渡。

本书通过电子积木来认识基本的电子器件——电阻器、电容器、电感器、二极管、三极管和集成块，组成简单、有趣的应用产品，如手电筒和手持电扇；介绍了基本数字门电路（非门、与门、或门）、组合门电路（与非门和或非门）、电阻串并联电路等，以及音乐门铃、报警器、太空大战声响器、音乐混响器的制作。

本书介绍了人工智能发明创造方面必备的基本电子电路知识，全面介绍了常用的电子器件和最基本的电路知识，让读者经历电子产品开发的全过程，掌握基本电路的基本概念、基本思想、基本方法。从器件识别，到用器件组成基本电路，再到电路调试，从简单到复杂，循序渐进，符合初学者的认知过程。

本书由麻城市博达学校谌受柏、无锡科技职业学院于炜芳、江阴市金钥匙儿童康复中心刘小婷担任主编，麻城市博达学校胡志强、陈芳，麻城市翰程培优学校朱勇，无锡科技职业学院龚运新担任副主编。

人工智能是当今迅速发展的产业，相关知识也在不断更新中，本书难免存在不足之处，敬请广大读者指正。

需要书中配套材料包的读者可发送邮件至 33597123@qq.com 咨询。

编　者

2024 年 6 月

项目1 电阻器 1

任务 1.1 调光灯制作 ········ 2

1.1.1 调光灯电子积木搭建 ········ 2

1.1.2 调光灯电路图制作 ········ 3

任务 1.2 电阻知识 ········ 6

1.2.1 电阻器和电位器的符号和外形 ········ 7

1.2.2 主要特性参数 ········ 9

任务 1.3 总结及评价 ········ 13

项目2 电容器 15

任务 2.1 电容灯制作 ········ 16

2.1.1 电容灯积木拼装 ········ 16

2.1.2 电容灯电路图制作 ········ 17

任务 2.2 电容知识 ········ 18

2.2.1 电容器的符号和外形 ········ 18

2.2.2 电容器的主要特性参数 ········ 22

任务 2.3 总结及评价 ········ 27

项目3 电感器 28

任务 3.1 频闪灯制作 ········ 29

3.1.1 频闪灯积木搭建……29
3.1.2 频闪灯电路图制作……30
任务 3.2 电感知识……31
3.2.1 电感器的符号和外形……31
3.2.2 电感器主要特性参数及其表示……32
任务 3.3 总结及评价……35

项目 4 二极管 36

任务 4.1 二极管指示灯制作……37
4.1.1 二极管指示灯电子积木搭建……37
4.1.2 二极管指示灯电路图制作……38
任务 4.2 二极管知识……38
4.2.1 二极管的符号和外形……39
4.2.2 二极管主要特性参数……41
任务 4.3 总结及评价……41

项目 5 三极管 43

任务 5.1 三极管放大器制作……44
5.1.1 三极管放大器积木拼装……44
5.1.2 三极管放大器电路图制作……44
任务 5.2 三极管知识……46
5.2.1 三极管的符号和外形……46
5.2.2 主要特性参数……50
任务 5.3 总结及评价……52

项目 6 集成块 53

任务 6.1 音乐集成贺卡制作……54
6.1.1 音乐集成贺卡积木拼装……54

6.1.2　音乐集成贺卡电路图制作……55
任务 6.2　集成块知识……57
6.2.1　集成块的符号和外形……57
6.2.2　集成块主要特性参数……59
任务 6.3　总结及评价……65

项目 7　手电筒　67

任务 7.1　手电筒制作……68
7.1.1　手电筒积木拼装……68
7.1.2　手电筒电路图制作……68
任务 7.2　手电筒知识……70
任务 7.3　总结及评价……72

项目 8　手持直流电扇　73

任务 8.1　手持直流电扇制作……74
8.1.1　手持直流电扇积木拼装……74
8.1.2　手持直流电扇电路图制作……74
任务 8.2　认识电扇……75
任务 8.3　总结及评价……79

项目 9　三个基本门电路　80

任务 9.1　非门电路……81
9.1.1　非门电路积木拼装……81
9.1.2　非门电路图制作……82
任务 9.2　与门电路……83
9.2.1　与门电路积木拼装……83
9.2.2　与门电路图制作……84
任务 9.3　或门电路……85

9.3.1 或门电路积木拼装……85
9.3.2 或门电路图制作……86
任务 9.4 总结及评价……87

项目 10 组合门电路 88

任务 10.1 与非门电路……89
10.1.1 与非门电路积木拼装……89
10.1.2 与非门电路图制作……90
任务 10.2 或非门电路……91
10.2.1 或非门电路积木拼装……92
10.2.2 或非门电路图制作……92
任务 10.3 总结及评价……93

项目 11 电阻串并联电路 94

任务 11.1 电阻串联电路……95
11.1.1 电阻串联电路积木拼装……95
11.1.2 电阻串联电路图制作……95
任务 11.2 电阻并联电路……96
11.2.1 电阻并联电路积木拼装……96
11.2.2 电阻并联电路图制作……97
任务 11.3 电阻混联电路……98
11.3.1 电阻混联电路积木拼装……98
11.3.2 电阻混联电路图制作……99
任务 11.4 总结及评价……99

项目 12 音乐门铃 101

任务 12.1 音乐门铃制作……102
12.1.1 音乐门铃积木拼装……102

12.1.2 音乐门铃电路图制作……103
任务 12.2 音乐双闪灯门铃……104
12.2.1 音乐双闪灯门铃积木拼装……105
12.2.2 音乐双闪灯门铃电路图制作……106
任务 12.3 总结及评价……107

项目 13 报警器 109

任务 13.1 声音报警器制作……110
13.1.1 声音报警器积木拼装……110
13.1.2 声音报警器电路图制作……110
任务 13.2 声光报警器制作……111
13.2.1 声光报警器积木拼装……112
13.2.2 声光报警器电路图制作……112
任务 13.3 总结及评价……113

项目 14 声响报警器 114

任务 14.1 太空大战声响报警器……115
14.1.1 太空大战声响报警器积木拼装……115
14.1.2 太空大战声响报警器电路图制作……115
任务 14.2 光控太空大战声响报警器……117
14.2.1 光控太空大战声响报警器积木拼装……117
14.2.2 光控太空大战声响报警器电路图制作……118
任务 14.3 总结及评价……119

项目 15 乐声混响器 120

任务 15.1 音乐报警混响器制作……121
15.1.1 音乐报警混响器积木拼装……121
15.1.2 音乐报警混响器电路图制作……121

任务 15.2 音乐太空大战混响器……122
15.2.1 音乐太空大战混响器积木拼装……123
15.2.2 音乐太空大战混响器电路图制作……124
任务 15.3 混响声光器……124
15.3.1 混响声光器积木拼装……125
15.3.2 混响声光器电路图制作……125
任务 15.4 总结及评价……126

项目1 电 阻 器

同学们，在日常生活中有很多弱电电器，如手机、电视机、计算机等。你知道这些电器是怎么做成的吗？知道它们由哪些基本器件构成吗？答案很神奇，它们是由 5 个基本器件构成的，即电阻器、电容器、电感器、二极管、三极管。电阻器、电感器和电容器是电子学三大基本无源器件；从能量的角度看，电阻器是一个耗能器件，将电能转化为热能。本项目介绍电阻器，通过对电阻器的认识和电路制作实验，全面了解电阻器。

任务 1.1 调光灯制作

现在二极管灯具应用较广，LED 平板灯拥有节能、亮度高、无汞、无红外线、无紫外线、无电磁干扰、无热效应、无辐射、无频闪现象的特点。灯具重量轻，有嵌入和吊线等多种安装方式，安装简单。本任务完成调光灯的组装与调试，以进一步了解 LED 灯的使用技术。

1.1.1 调光灯电子积木搭建

电阻元件的电阻值大小一般与温度、材料、长度、横截面积有关，衡量电阻受温度影响大小的物理量是温度系数，其定义为温度每升高 1℃时电阻值发生变化的百分数。电阻的主要物理特征是变电能为热能，也可以说它是一个耗能元件，电流经过它就产生内能。电阻在电路中通常起分压、分流的作用。对信号来说，交流与直流信号都可以通过电阻。下面介绍如何用电阻调节电路的电流来改变灯光的亮度。

为了方便说明原理，用一个 2.5V 灯泡（器件编号为 18 号）代替 LED 灯，为了控制灯的亮度，采用最简单的电流调节方法，只要控制通过灯的电流大小即可。在灯泡后面串联一个可变电阻（器件编号为 53 号）或电阻（器件编号为 30 号），图 1-1 中 15 号元件为开关，不用时关掉指示灯，图 1-1 中

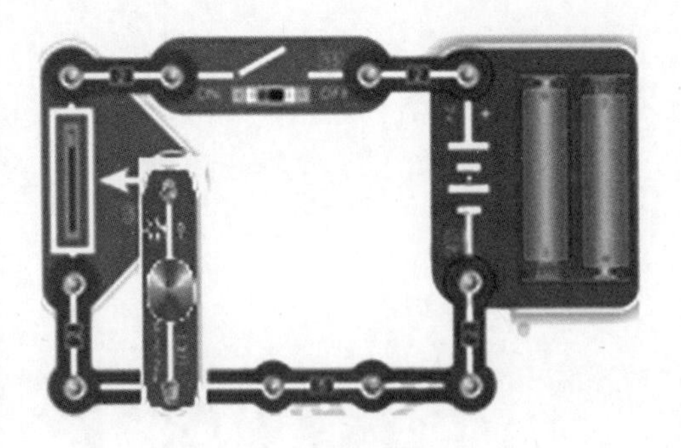

(a) 可调光灯

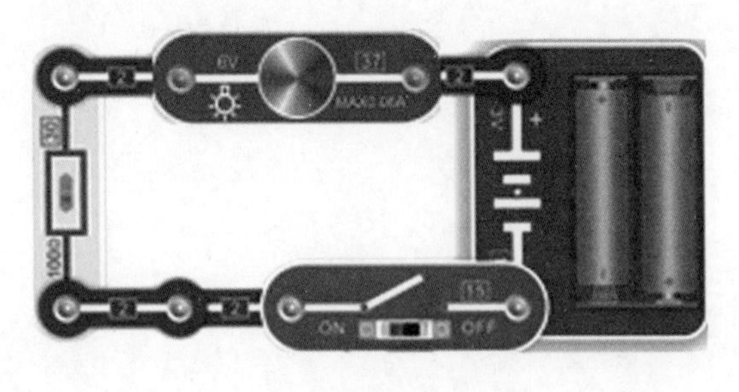

(b) 不可调光灯

图 1-1 调光灯积木拼装图

2 号元件为连接线,图 1-1 中标注 3V 的元件为电源。图 1-1（a）为可调光灯，图 1-1（b）为不可调光灯，一般先用可调电阻调好电流，让光达到最强时为最佳，这时测定可变电阻阻值，作为不可调光固定电路。

图 1-1 的连接依据是充分了解器件功能和特性，器件通常配有使用说明书，说明书中详细说明了器件功能和使用方法。产品设计人员要按产品的实现功能选择器件，本项目是制作一个简单的调光灯，调光灯种类很多，对于新手，最好的方法是全面研究市场上的调光灯。调光灯有交流和直流两类，可选用直流 3V 干电池作为电源，按照该电源条件，选用 2.5V 灯泡，再选用可变电阻。因为不用时要切断电源，所以需要一个开关，将这些器件按器件使用要求连接好，成为一个可以实现设计功能的电路，这样产品就设计成功了。

1.1.2　调光灯电路图制作

制作电路图的应用软件很多，下面用深圳嘉立创科技集团股份有限公司（以下简称为嘉立创公司）的软件进行制作，制作时首先要在计算机上安装软件，按照软件提示进行设置（若有问题可在网上请求嘉立创公司技术支持）。

软件安装好后，双击桌面上的图标，出现如图 1-2 所示的工程设计总界面。界面上的“快捷开始”窗口列出了软件设计时的主要任务，若是新建

图 1-2　工程设计总界面

工程，单击“新建工程”按钮，弹出如图 1-3 所示“新建工程”窗口，在“工程”文本框中输入文件名 1，在“工程路径”中选择保存位置，如 d:\123 或 d:\Documents\Desktop\123，如图 1-4 所示，最后单击“保存”按钮。

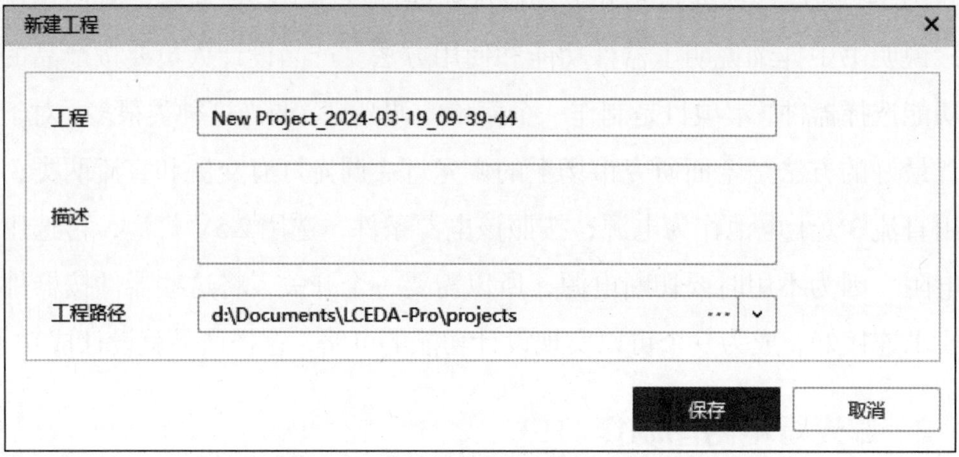

新建工程 ×

工程 New Project_2024-03-19_09-39-44

描述

工程路径 d:\Documents\LCEDA-Pro\projects

保存 取消

图 1-3 “新建工程”窗口

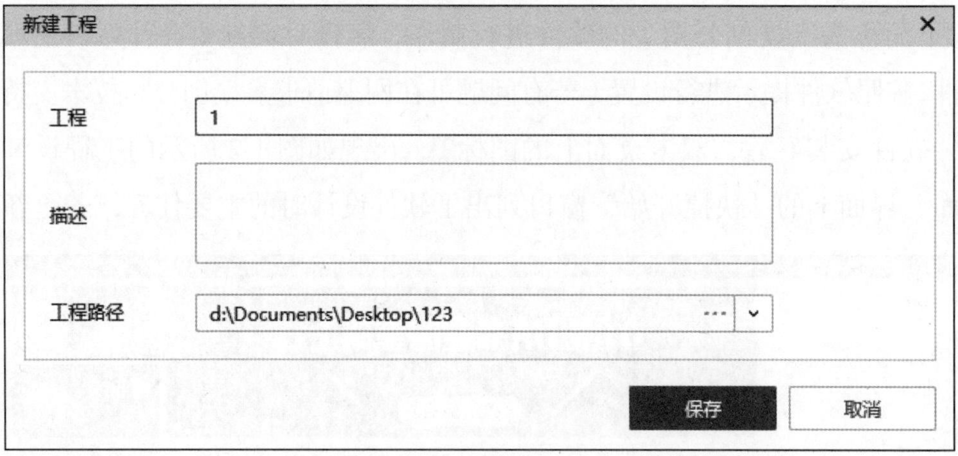

新建工程 ×

工程 1

描述

工程路径 d:\Documents\Desktop\123

保存 取消

图 1-4 工程取名窗口

若已建立了工程，接着在原工程文件中设计，则单击“打开工程”按钮，打开已建立的工程就可进入工程设计界面，如图 1-5 所示。

在图 1-5 所示的工程设计界面左边的工程管理窗口中的树状图中，双击 Sch 和 PCB 分别打开原理图设计界面和 PCB 板制作界面，在这两个界面中分别可以进行原理图设计和 PCB 板制作，并且可以通过页标签进行两者切换。

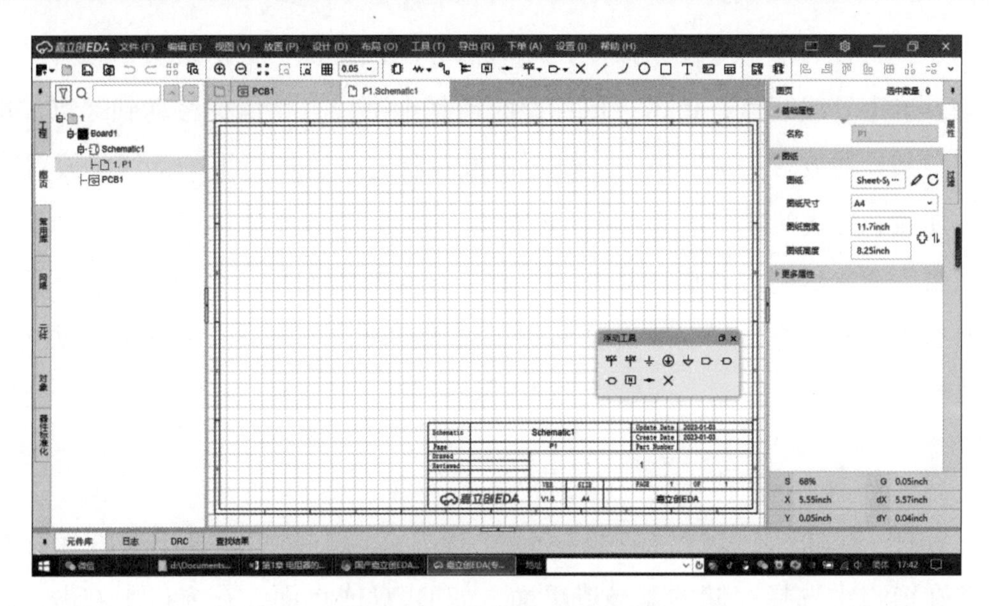

图 1-5　工程设计界面

原理图设计是根据应用功能需要，选择和购买器件，将器件用导线连接成控制电路，组成一个实用的产品，将这些电路用专用电气符号在计算机中制作出图纸，便于生产、维修和存档。制作图纸可以人工制作，也可以用计算机制作，现在基本用计算机制作，制作过程是先在专用软件中画出原理图，再用打印机打印出图纸。下面大家一起来具体制作原理图。

1. 放置器件

在图 1-5 所示的原理图设计界面左边的竖立工具页标签中选择“常用库”标签，所有常用元器件出现在左边的窗口中，在窗口中选中电位器 PR1（名字可改），双击后该元器件处于浮动状态，移动鼠标时，该元器件也跟着移动，在双线红框（图纸）中的点格上找到中心点，单击，放下元器件。按 Esc 键退出放置状态，可进行下一个元器件放置。

可放置灯泡、可调电阻 PR1、开关 SW1、+3V、GND 等器件。

注意：本软件库中没有灯泡符号，通常需要自己制作，也可以用相像的器件代替，只要保证器件引脚数一致即可，本项目用 2 脚器件代替灯泡。

2. 放置导线

器件放置后再进行导线连接，在图 1-5 所示的工程设计界面的主菜单栏中选择“放置”→“导线”命令，此时鼠标位置出现一个十字线，随着鼠标移动，选定导线起点，单击，鼠标此时还是十字线，将鼠标移动到终点，单击，一条导线放置完成。按 Esc 键退出放置状态，可进行下一条线的放置。

注意：连线的依据是图 1-1，图中器件编号可以自行按顺序编排，一定不能错，如流水彩灯的引脚顺序，引脚 1 接到电源负极，引脚 2 接音乐集成块的引脚 5 和扬声器，引脚 3 接电源正极。同理，可连接音乐集成块 IC2 的所有引脚。

3. 保存文件

选择“文件”→“另存为”→“工程另存为”命令，弹出文件保存窗口，在窗口中选择存储的盘号或桌面，如 D: 盘或桌面，在窗口中右击，在下拉菜单中建立新文件夹，取名为 123，再打开 123 文件夹，取名 P1，保存即可。

经过以上绘制后，一个简单灯泡变光电路图设计完成，如图 1-6 所示。该电路的功能是在一个 3V 的电源两端分别接入一个电位器和一个灯泡，接好后调节电位器旋钮，灯泡亮度会发生变化。

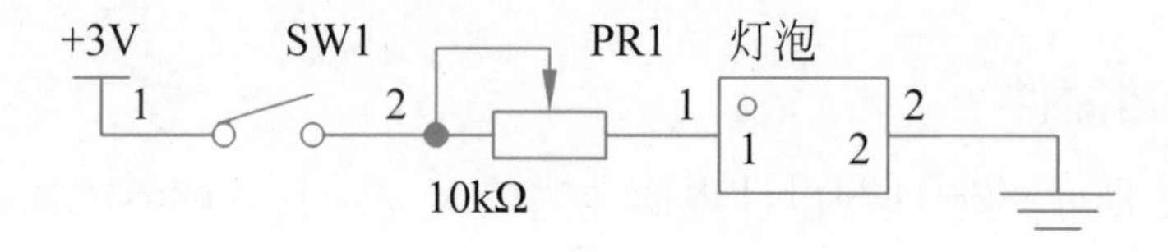

图 1-6　灯泡变光电路图

任务 1.2　电 阻 知 识

电阻（Resistance）是一个物理量，其定义为，导体对电流的阻碍作用就叫作该导体的电阻。在物理学中表示导体对电流阻碍作用的大小。导体的电阻越大，表示导体对电流的阻碍作用越大。不同的导体，电阻一般不同，电阻是导体本身的一种性质。电阻是一种耗能元件。

1.2.1 电阻器和电位器的符号和外形

电阻器和电位器的主要区别是电阻器是固定阻值，即电阻数值大小是不变的。电位器的阻值是可调的，多用于电气设备的某些参数需要改变的电路中，如调整电视机的声音、亮度等。下面具体讨论电阻器和电位器的符号。

1. 电阻器和电位器的符号

电阻器和电位器都有代数符号和图形符号，电阻的代数符号通常用字母R表示。电阻器和电位器的图形符号有统一标准，如图1-7所示。

电阻器一般符号　可调电阻器　半可调电阻器　带滑动触点的电位器

图1-7 电阻器和电位器的图形符号

2. 电阻器的种类

电阻器的种类很多，有绕线电阻器、薄膜电阻器、实心电阻器、敏感电阻器等。

（1）绕线电阻器：包括绕线电阻器、精密绕线电阻器、大功率绕线电阻器、高频绕线电阻器。绕线电阻器如图1-8所示。优点是噪声小，不存在电流噪声和非线性，温度系数小，稳定性好，精度可达0.5%~0.05%；缺点是高频特性差。

图1-8 绕线电阻器

（2）薄膜电阻器：包括碳膜电阻器、合成碳膜电阻器、金属膜电阻器、金属氧化膜电阻器、化学沉积膜电阻器、玻璃釉膜电阻器、金属氮化膜电阻器。

① 金属膜电阻器。金属膜电阻器的外形如图 1-9 所示。金属膜电阻器是迄今为止应用较为广泛的电阻器，其精度高，性能稳定，结构简单轻巧。

② 碳膜电阻器。碳膜电阻器的外形如图 1-10 所示。碳膜电阻器曾经是电子、电器、资讯产品使用量最大的电阻器，价格最低，品质稳定，信赖度高。

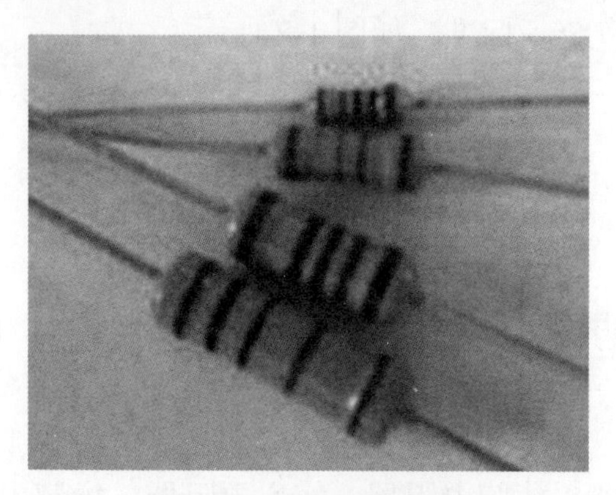

图 1-9　金属膜电阻器

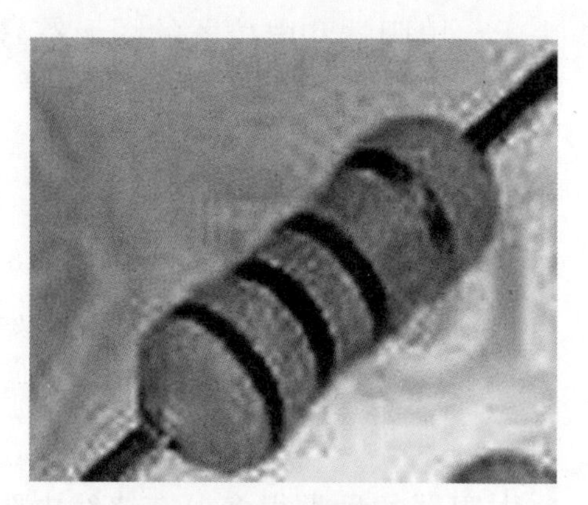

图 1-10　碳膜电阻器

③ 金属氧化膜电阻器。金属氧化膜电阻器外形如图 1-11 所示，这种电阻器的主要特点是耐高温，工作温度范围为 140~235℃，在短时间内可超负荷使用；电阻温度系数为 $\pm 3\times 10^{-4}$/℃；化学稳定性好。

3. 电位器分类

电位器是一种机电元件，它靠电刷在电阻体上的滑动，取得与电刷位移成一定关系的输出电压。它与电阻器的区别是输出有 3 只引脚，中心抽头电阻值可随旋轴旋转而改变。其外观如图 1-12 所示。

（1）合成碳膜电位器。合成碳膜电位器是用经过研磨的炭黑、石墨、石英等材料涂敷于基体表面而成，该工艺简单，是目前应用最广泛的电位器。其优点是分辨力高耐磨性好，寿命较长；缺点是存在电流噪声，非线性大，耐潮性以及阻值稳定性差。

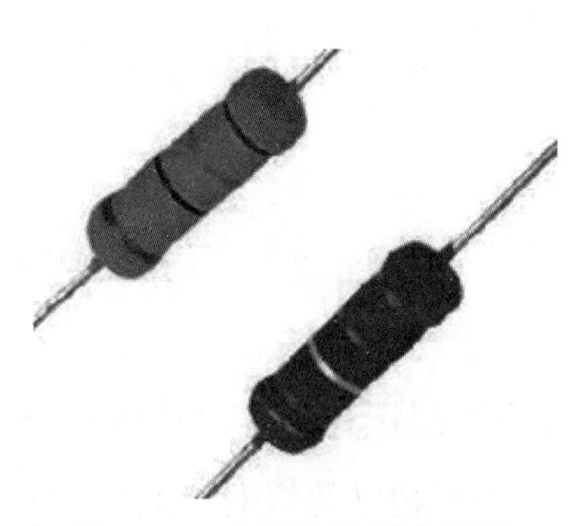

图 1-11　金属氧化膜电阻器

图 1-12　电位器外观

（2）有机实心电位器。有机实心电位器是一种新型电位器，它是用加热塑压的方法，将有机电阻粉压在绝缘体的凹槽内。有机实心电位器与碳膜电位器相比具有耐热性好、功率大、可靠性高、耐磨性好的优点，但温度系数大、动噪声大、耐潮性能差、制造工艺复杂、阻值精度较差，在小型化、高可靠、高耐磨性的电子设备以及交、直流电路中用来调节电压、电流。

除此之外，还有金属玻璃铀电位器、绕线电位器、金属膜电位器、导电塑料电位器、带开关的电位器、预调式电位器、直滑式电位器、双连电位器、无触点电位器等，这里不一一讨论，有兴趣的读者可自学。

1.2.2　主要特性参数

电阻器和电位器除符号和外形外还有很多参数，如阻值、阻值误差（电阻精度）、电阻所承受的最大功率以及这些参数的表示方法。

1. 电阻器主要特性参数

（1）标称阻值。电阻器上面所标示的阻值称为标称阻值。阻值是电阻器的主要参数之一，不同类型的电阻器，阻值范围不同，不同精度的电阻器其阻值系列也不同。根据国家标准，常用的标称电阻值系列如表 1-1 所示。E24、E12 和 E6 系列也适用于电位器和电容器。

表 1-1　常用的标称电阻值系列

标称值系列	精度	电阻器（Ω）、电位器（V）、电容器标称值（pF）							
E24	±5%	1.0	1.1	1.2	1.3	1.5	1.6	1.8	2.0
		2.2	2.4	2.7	3.0	3.3	3.6	3.9	4.3
		4.7	5.1	5.6	6.2	6.8	7.5	8.2	9.1
E12	±10%	1.0	1.2	1.5	1.8	2.2	2.7	—	—
		3.3	3.9	4.7	5.6	6.8	8.2		
E6	±20%	1.0	1.5	2.2	3.3	4.7	6.8	8.2	—

表中数值再乘以 10^n，其中 n 为正整数或负整数。

（2）允许误差。标称阻值与实际阻值的差值跟标称阻值之比的百分数称为阻值偏差，它表示电阻器的精度。允许误差与精度等级对应关系如下：±0.5%-0.05、±1%-0.1（或 00）、±2%-0.2（或 0）、±5%-Ⅰ级、±10%-Ⅱ级、±20%-Ⅲ级，如表 1-2 所示。

表 1-2　电阻的精度等级

允许误差（%）	±0.001	±0.002	±0.005	±0.01	±0.02	±0.05	±0.1
等级符号	E	X	Y	H	U	W	B
允许误差（%）	±0.2	±0.5	±1	±2	±5	±10	±20
等级符号	C	D	F	G	J（Ⅰ）	K（Ⅱ）	M（Ⅲ）

（3）额定功率。在正常的大气压力 90~106.6kPa 及环境温度 −55~+70℃ 的条件下，电阻器长期工作所允许耗散的最大功率。

绕线电阻器额定功率系列为（W）1/20、1/8、1/4、1/2、1、2、4、8、10、16、25、40、50、75、100、150、250、500。

非绕线电阻器额定功率系列为（W）1/20、1/8、1/4、1/2、1、2、5、10、25、50、100。

额定功率符号如图 1-13 所示。

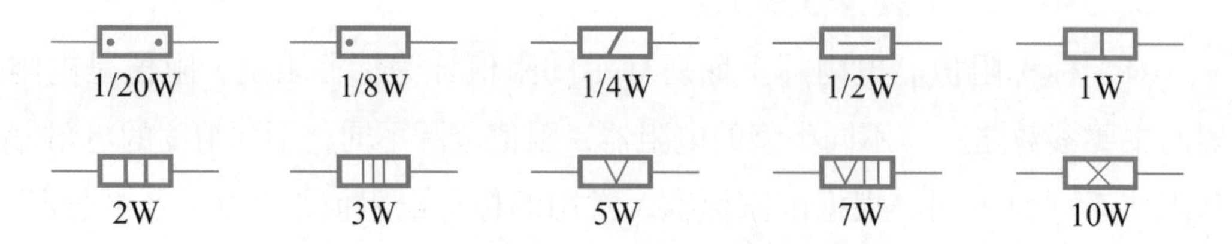

图 1-13　额定功率符号

电阻器在电路中长时间连续工作不损坏，或不显著改变其性能所允许消耗的最大功率称为电阻器的额定功率。电阻器的额定功率并不是电阻器在电路中工作时一定要消耗的功率，而是电阻器在电路工作中所允许消耗的最大功率。不同类型的电阻器具有不同系列的额定功率，如表 1-3 所示。

表 1-3　电阻器的额定功率

名　称	额定功率 /W					
实心电阻器	0.25	0.5	1	2	5	—
绕线电阻器	0.5 25	1 35	2 50	6 75	10 100	15 150
薄膜电阻器	0.025 2	0.05 5	0.125 10	0.25 25	0.5 50	1 100

（4）额定电压。由阻值和额定功率换算出的电压。

（5）最高工作电压。允许的最大连续工作电压。在低气压工作时，最高工作电压较低。

（6）温度系数。温度每变化 1℃所引起的电阻值的相对变化。温度系数越小，电阻的稳定性越好。阻值随温度升高而增大的为正温度系数，反之为负温度系数。

（7）老化系数。电阻器在额定功率长期负荷下，阻值相对变化的百分数，它是表示电阻器寿命长短的参数。

（8）电压系数。在规定的电压范围内，电压每变化 1V，电阻器的相对变化量。

（9）噪声。产生于电阻器中的一种不规则的电压起伏，包括热噪声和电流噪声两部分，热噪声是由于导体内部不规则的电子自由运动，使导体任意两点的电压不规则变化。

2. 电阻器阻值标示方法

（1）直标法。用数字和单位符号在电阻器表面标出阻值，其允许误差直接用百分数表示，若电阻器上未注偏差，则均为 ±20%。

（2）文字符号法。用阿拉伯数字和文字符号两者有规律地组合来表示标称阻值、额定功率、允许偏差等级等。符号前面的数字表示整数阻值，后面的数字依次表示第一位小数阻值和第二位小数阻值。

表示允许误差的文字符号有 D、F、G、J、K、M。允许偏差为 ±0.5%、±1%、±2%、±5%、±10%、±20%。

其文字符号所表示的单位如表 1-4 所示，如 1R5 表示 1.5Ω，2K7 表示 2.7kΩ。

表 1-4　电阻单位

文字符号	R	K	M	G	T
表示单位	欧姆（Ω）	千欧姆（10^3Ω）	兆欧姆（10^6Ω）	千兆欧姆（10^9Ω）	兆兆欧姆（10^{12}Ω）

例如：

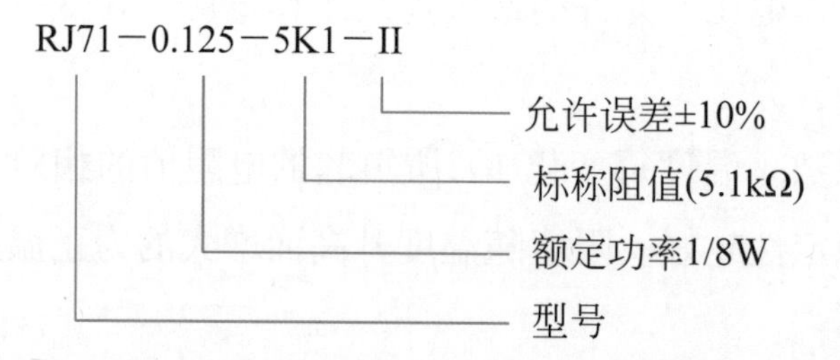

由标号可知，它是精密金属膜电阻器，额定功率为 1/8W，标称阻值为 5.1kΩ，允许误差为 ±10%。

（3）数码法。在电阻器上用三位数码表示标称值的标志方法。数码从左到右，第一、二位为有效值，第三位为指数，即零的个数，单位为欧。偏差通常采用文字符号表示。

（4）色标法。用不同颜色的带或点在电阻器表面标出标称阻值和允许偏差。国外电阻器大部分采用色标法。黑–0、棕–1、红–2、橙–3、黄–4、绿–5、蓝–6、紫–7、灰–8、白–9、金–±5%、银–±10%、无色–±20%。当电阻为四环时，最后一环必为金色或银色，前两位为有效数字，第三位为乘方数，第四位为偏差。当电阻器为五环时，最后一环与前面四环距离较大。前三位为有效数字，第四位为乘方数，第五位为偏差，如图 1-14 所示。

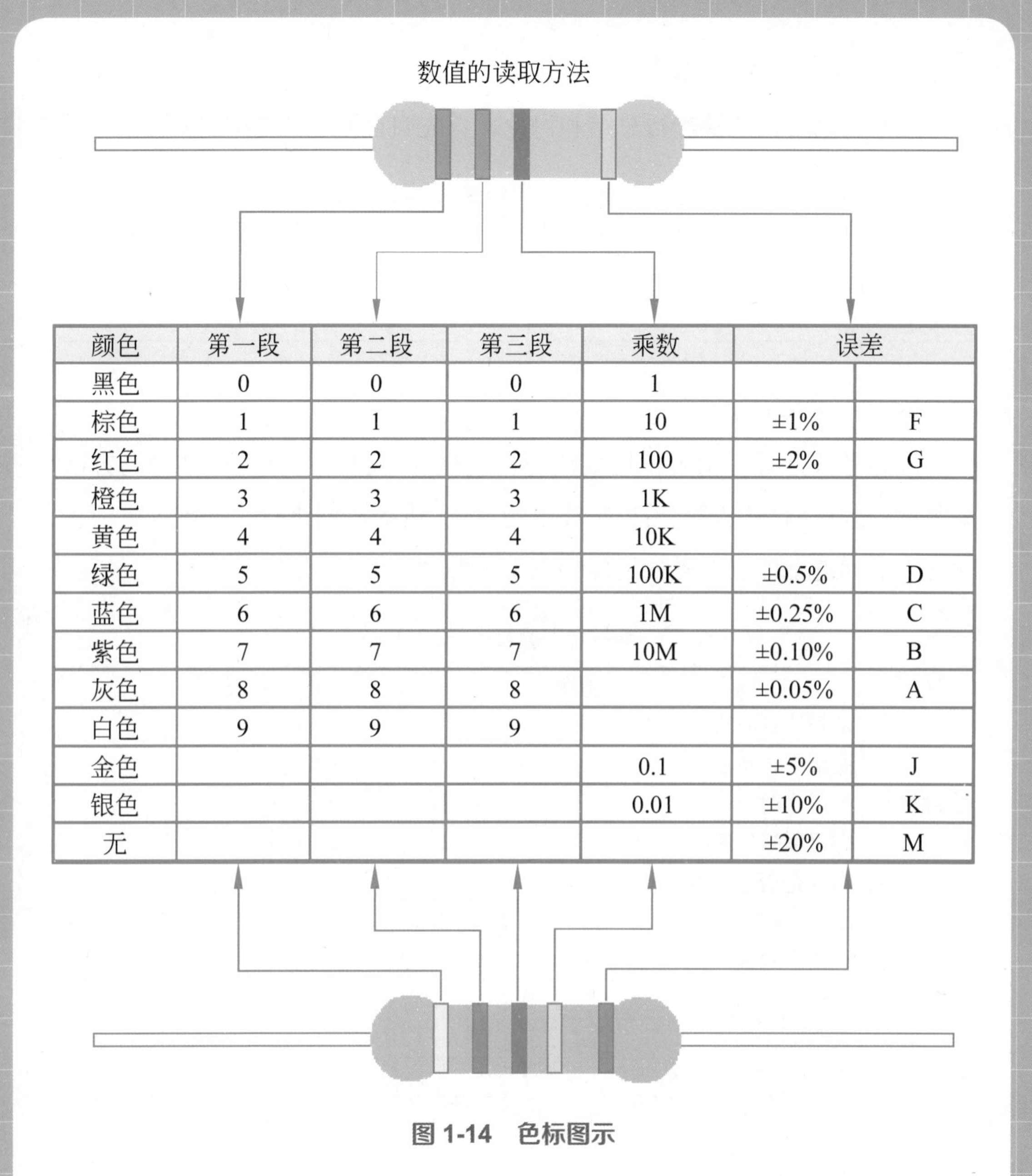

颜色	第一段	第二段	第三段	乘数	误差	
黑色	0	0	0	1		
棕色	1	1	1	10	±1%	F
红色	2	2	2	100	±2%	G
橙色	3	3	3	1K		
黄色	4	4	4	10K		
绿色	5	5	5	100K	±0.5%	D
蓝色	6	6	6	1M	±0.25%	C
紫色	7	7	7	10M	±0.10%	B
灰色	8	8	8		±0.05%	A
白色	9	9	9			
金色				0.1	±5%	J
银色				0.01	±10%	K
无					±20%	M

图 1-14　色标图示

任务 1.3　总结及评价

先分组进行总结，分别说出制作过程及体会，写出书面总结。再互相检查制作结果，集体给每一位同学打分。

1. 任务完成大调查

任务完成后，还要进行总结和讨论，首先自己在表 1-5 中打√。

表 1-5　打分表

序号	任务 1	任务 2	任务 3
完成情况			
总分			

2. 行为考核指标

行为考核指标，主要采用批评与自我批评、自育与互育相结合的方法。采用自我考核和小组考核后班级评定的方法。班级每周进行一次民主生活会，就行为指标进行评议，考核指标如表 1-6 所示。

表 1-6　德育项目评分

项目	内　容	等级	备　　注
学习态度	是否认真听讲		
	课余是否玩游戏		
	是否守时		
	是否积极发言		
	作业是否准时完成		
团队合作	服从小组分工		
	积极回答他人问题		
	积极帮助班级做事		
	关心集体荣誉		
	积极参与小组活动		

3. 集体讨论题

上网搜索 EDA 基本图形，并进行思维导图式讨论。

4. 思考与练习

（1）掌握 EDA 的基本使用方法，研究其规律。

（2）思考各种器件怎么放置。

项目2 电 容 器

电容是指容纳电场的能力。任何静电场都由许多个电容组成，有静电场就有电容，电容是用静电场描述的。一般认为，孤立导体与无穷远处构成电容，导体接地等效于接到无穷远处，并与大地连接成整体。在两块正对的平行金属板中间夹上一层绝缘物质，就组成了一个最简单的电容器——平行板电容器。电容是电容器所带的电荷量 Q 与电容器两极板间的电势差 U 的比值，电容是表示电容器容纳电荷本领的物理量。与电阻器相似，通常将电容器简称为电容，用字母 C 表示。顾名思义，电容器就是“储存电荷的容器”。尽管电容器品种繁多，但它们的基本结构和原理是相同的。本项目通过对电容的认识和电路制作实验，全面了解电容。

任务 2.1　电容灯制作

电容是一个储存静电能的设备，也可用来储存能量点亮电灯。容量越大，储存的电能越多，多个大电容可以作为蓄电池使用。

2.1.1　电容灯积木拼装

不使用电池点亮 LED，电解电容器可与电池相当，但它们的能量电荷要低得多，而且它们的效用有限。此外，电容器中可存储能量的值由其“容量”决定。值越大，电容器可以容纳的能量就越多。下面介绍如何使用电解电容器代替电池来点亮 LED。当然，首先要用上述步骤对电解电容器进行充电。图 2-1 显示了建议的接线和接线图。进行实验时需要以下材料：2 节 1.5V 电池；1 个 470μF 以上的电容；1 个红色 LED。

如前所述，用电池给电解电容充电，然后按照电路图连接 LED 和开关。请勿将已充电电容器的两个脚进行连接，否则可能会产生小火花。电解电容器提供电流，直到电流完全耗尽，使 LED 瞬间亮起。不幸的是，由于电容器没有足够的容积来储存更多的能量，LED 只能持续亮几秒。市场上有更大的电容器，但它们非常昂贵（超级电容器）。由于 LED 的亮度会随着时间的推移而降低，因此最好在黑暗中进行实验。图 2-1 为电容充电电路。图 2-2 为点亮二极管电路。为了限制电流，可串联一个电阻，图 2-3 为并联电容充电电路。

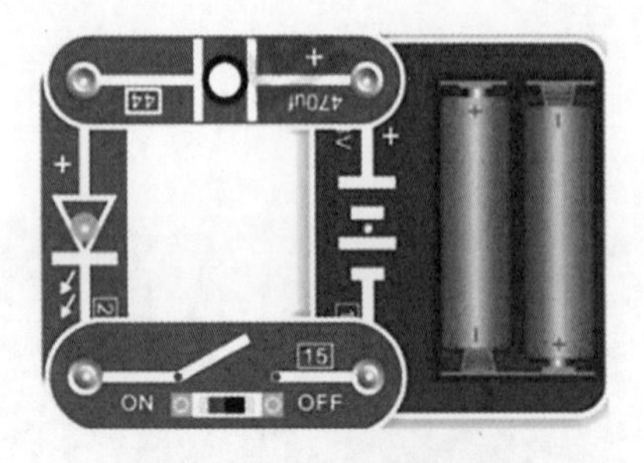

图 2-1　电容充电电路

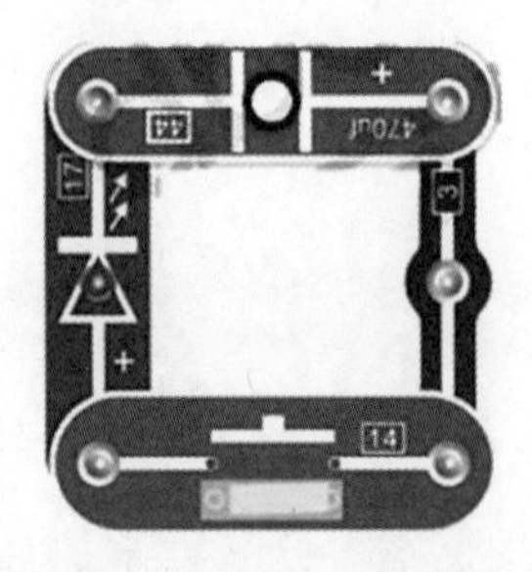

图 2-2　点亮二极管电路

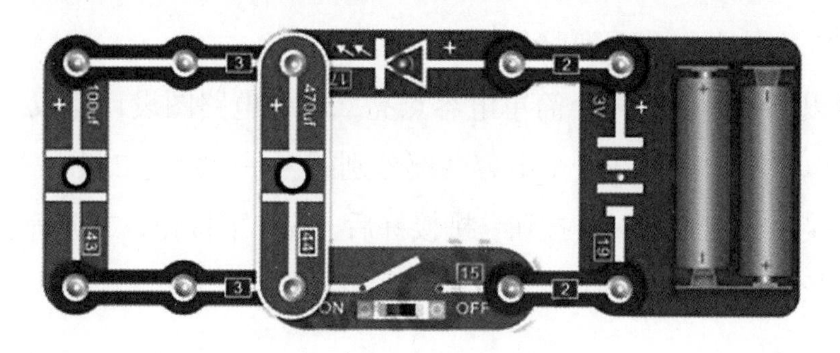

图 2-3　并联电容充电电路

2.1.2　电容灯电路图制作

按照项目 1 的方法，进入如图 1-5 所示的工程设计界面，选择“新建工程”，按提示新建工程，并命名、保存新工程。进入制作原理图窗口，开始制作原理图，制作时灵活运用菜单、工具条、浮动菜单，了解每个菜单的功能。

1. 放置器件

在原理图设计界面左边的竖立工具页标签中选择“常用库”标签，所有常用元器件出现在左边的窗口中，在窗口中选中发光二极管 LED1，放置该器件，器件自动命名为 LED1，可以重命名该器件。按 Esc 键退出放置状态，接着可分别放置电容 C1、开关 SW1 等器件。

2. 放置导线

器件放置后再进行导线连接，进入工程设计界面，用字母放线，方法是在键盘上按 P 和 W 键，此时鼠标位置出现一个十字光标，拖曳鼠标选定导线起点，此时出现一个灰色小圆圈，若没有出现小圆圈，说明该处不是连接点，单击，鼠标此时还是十字线，将鼠标拖曳到终点后再单击，一条导线放置完成。按 Esc 键退出放置状态，可进行下一条线的放置。

3. 保存文件

原理图制作完成后，选择“文件”→“保存”命令，这样就保存好了文件，在 123 文件夹中会看到取名为 2 的文件。

经过以上绘制后，一个简单电容点亮二极管电路图设计完成，如图 2-4 所示。该电路的功能是在一个电容两端分别接入一个发光二极管（注意，二极管不要接反方向）和一个按钮，拼接好后，按一下按钮，二极管会亮一下，亮的时间长短由电容容量决定。

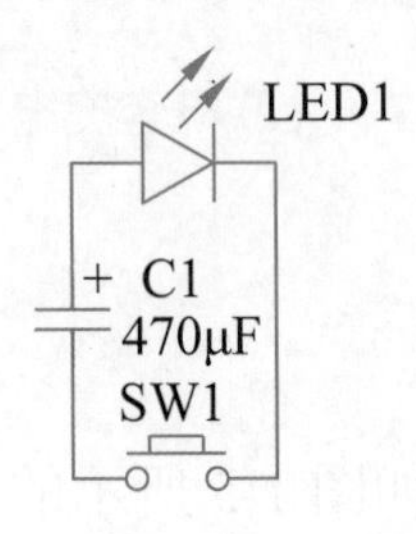

图 2-4 电容点亮二极管电路图

任务 2.2 电 容 知 识

电容器是电路中必不可少的一种电子元件，起到储能、滤波、退耦、交流信号的旁路、交直流电路的交流耦合等作用。电容器的类型很多，读者需要了解各类电容器的性能指标和一般特性，以及在特定用途下的优缺点和限制条件等。

2.2.1 电容器的符号和外形

电容器有固定电容器和可变电容器之分。固定电容器是固定电容值，即电容数值大小是不变的，可变电容器的电容值是可调的。下面详细讨论电容器的种类。

1. 按结构分

（1）固定电容器。电容量固定不可调的电容器，称为固定电容器。图 2-5 所示为电容器符号以及几种固定电容器的外形和电路符号。其中，

图 2-5（a）为电容器符号（带 + 号的为电解电容器）；图 2-5（b）为瓷介电容器；图 2-5（c）为云母电容器；图 2-5（d）为涤纶薄膜电容器；图 2-5（e）为金属化纸介电容器；图 2-5（f）为电解电容器。

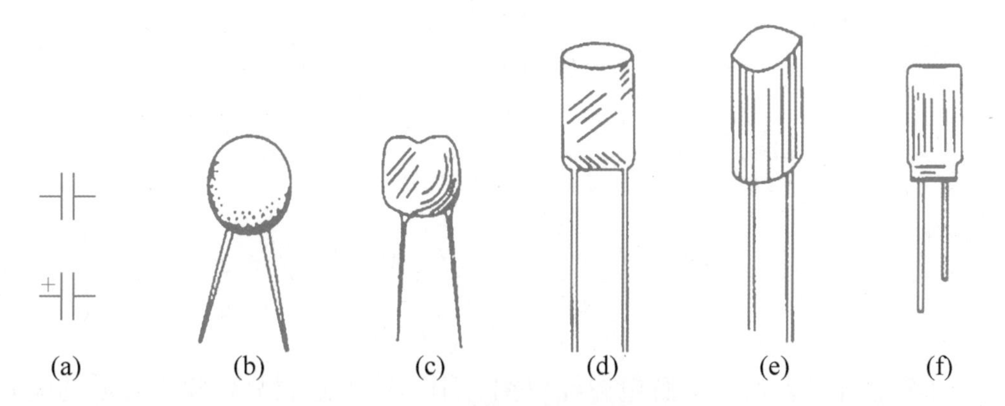

图 2-5 固定电容器

（2）半可变电容器（微调电容器）。电容器容量可在小范围内变化，其可变容量为几皮法至几十皮法（pF），最高达 100pF（以陶瓷为介质时），适用于整机调整后电容量无须经常改变的场合，常以空气、云母或陶瓷作为介质。其外形和电路符号如图 2-6 所示。

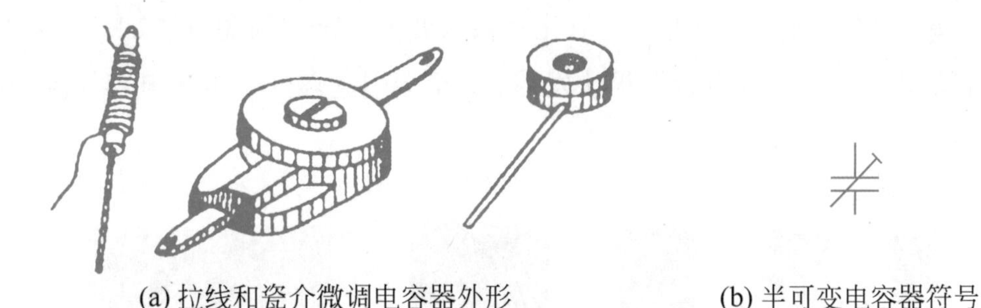

(a) 拉线和瓷介微调电容器外形　　(b) 半可变电容器符号

图 2-6 半可变电容器

（3）可变电容器。可变电容器的种类很多，按结构分为单联、双联、三联、四联等。按介质分有空气介质和薄膜介质两类。其外形如图 2-7 所示。

2. 按电容器介质材料分

电容应用范围广，种类很多，除了按照电容结构分类之外，还可按介质材料分类，下面具体介绍。

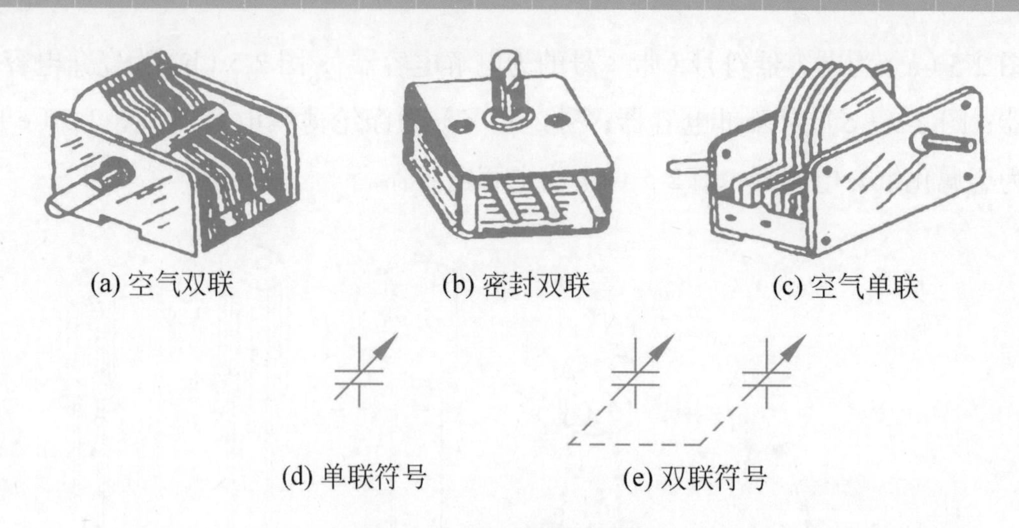

(a) 空气双联　　(b) 密封双联　　(c) 空气单联

(d) 单联符号　　(e) 双联符号

图 2-7　可变电容器外形

（1）电解电容器。电解电容器以铝、坦、钛等金属氧化膜作介质的电容器，其中应用最广的是铝电解电容器。它容量大、体积小，耐压高（但耐压越高，体积也就越大），一般耐压在 500V 以下，常用于交流旁路和滤波。其缺点是容量误差大，且随频率而变动，绝缘电阻低。电解电容有正、负极之分（外壳为负端，另一接头为正端）。一般，电容器外壳上都标有 +、– 记号，如无标记，则引线长的为 + 端，引线短的为 – 端。使用时必须注意不要接反，若接反，电解作用会反向进行，氧化膜很快变薄，漏电流急剧增加，如果所加的直流电压过大，则电容器很快发热，甚至会引起爆炸。电解电容如图 2-8 所示。

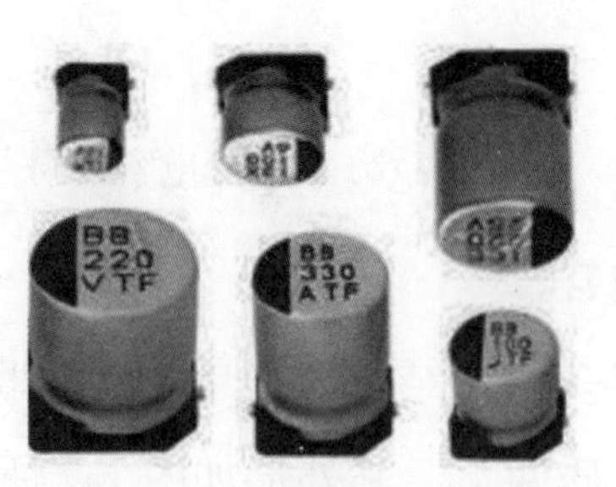

片式铝电解电容

高压电解电容

高压电解电容

图 2-8　电解电容

（2）云母电容器。以云母片作介质的电容器称为云母电容器。其特点是高频性能稳定、损耗小、漏电流小、耐压高（从几百伏到几千伏），但容量小（从几十皮法到几万皮法）。云母电容如图 2-9 所示。

（3）瓷介电容器。以高介电常数、低损耗的陶瓷材料为介质，体积小、损耗小、温度系数小，可工作在超高频范围，但耐压较低（一般为 60~70V），容量较小（一般为 1~1000pF）。为克服容量小的缺点，现在采用了铁电陶瓷和独石电容，它们的容量分别可达 680pF~0.047μF 和 0.01pF 至几微法（μF），但其温度系数大、损耗大、容量误差大。瓷介电容器如图 2-10 所示。

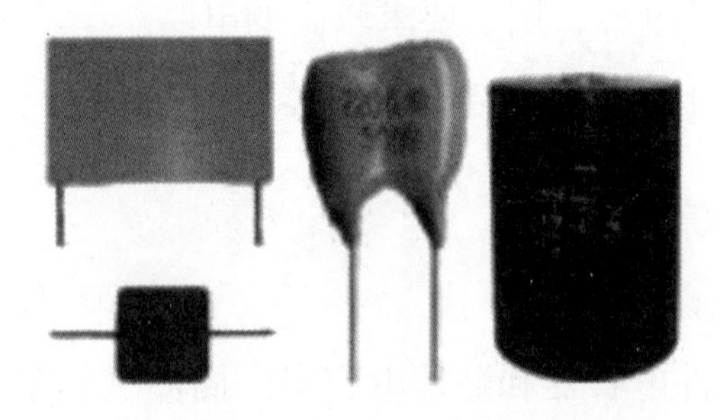

图 2-9　云母电容器

图 2-10　瓷介电容器

除了以上这些电容器之外，还有玻璃釉电容器、纸介电容器、有机薄膜电容器等，读者可自行查阅相关资料。

3. 按照功能分

按照功能，电容器可分为如下几类。

（1）聚酯（涤纶）电容。

符号：CL；

电容量：40pF~4μF；

额定电压：63~630V；

主要特点：小体积，大容量，耐热耐湿，稳定性差；

应用：对稳定性和损耗要求不高的低频电路。

（2）聚苯乙烯电容。

符号：CB；

电容量：10pF~1μF；

额定电压：100V~30kV；

主要特点：稳定，低损耗，体积较大；

应用：对稳定性和损耗要求较高的电路。

（3）聚丙烯电容。

符号：CBB；

电容量：1000pF~10μF；

额定电压：63~2000V；

主要特点：性能与聚苯乙烯电容相似，但体积小，稳定性略差；

应用：代替大部分聚苯乙烯或云母电容，用于要求较高的电路。

除了以上这些电容器之外，还有十几种特殊功能电容器，读者可自行查阅相关资料。

4. 按照安装方式分

按照安装方式，电容器可分为插件电容器和贴片电容器。插件电容器如图 2-11 所示。贴片电容器如图 2-12 所示。

图 2-11　插件电容器

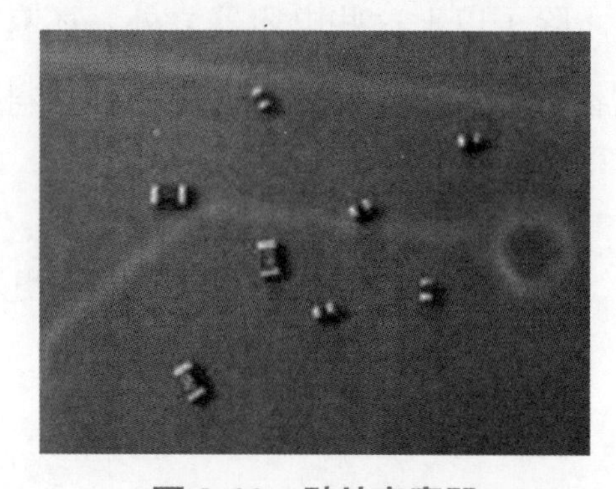

图 2-12　贴片电容器

2.2.2 电容器的主要特性参数

电容器除符号和外形外还有很多参数，如电容值、容值误差（容值精度）、电容所承受的最大电压以及这些参数的表示方法。

1. 电容器型号命名法

电容器的命名方法如表 2-1 所示，命名时要考虑材料、特征分类、序号等。

表 2-1　电容器型号命名法

第一部分：主称		第二部分：材料		第三部分：特征分类						第四部分：序号
符号	意义	符号	意义	符号	意义					
					瓷介	云母	玻璃	电解	其他	
C	电容器	C	瓷介	1	圆片	非密封	–	箔式	非密封	对主称、材料相同，仅尺寸、性能指标略有不同，但基本不影响互换使用的产品，给予同一序号；若尺寸性能指标的差别明显，影响互换使用时，则在序号后面用大写字母作为区别代号
		Y	云母	2	管形	非密封	–	箔式	非密封	
		I	玻璃釉	3	迭片	密封	–	烧结粉固体	密封	
		O	玻璃膜	4	独石	密封	–	烧结粉固体	密封	
		Z	纸介	5	穿心	–	–	–	穿心	
		J	金属化纸	6	支柱	–	–	–	–	
		B	聚苯乙烯	7	–	–	–	无极性	–	
		L	涤纶	8	高压	高压	–	–	高压	
		Q	漆膜	9	–	–	–	特殊	特殊	
		S	聚碳酸酯	J	金属膜					
		H	复合介质	W	微调					
		D	铝							
		A	钽							
		N	铌							
		G	合金							
		T	钛							
		E	其他							

示例如下。

（1）铝电解电容器：

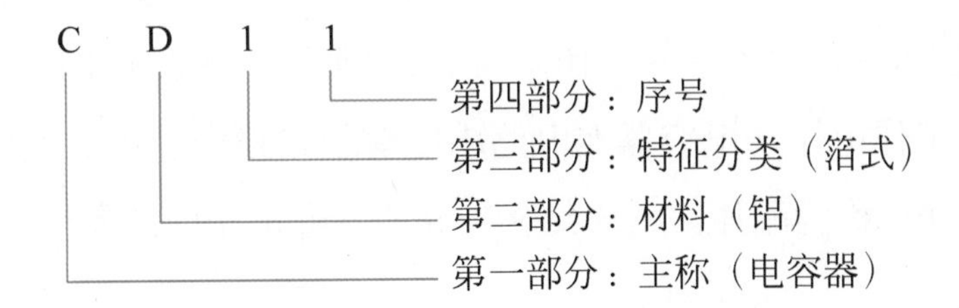

（2）圆片形瓷介电容器：

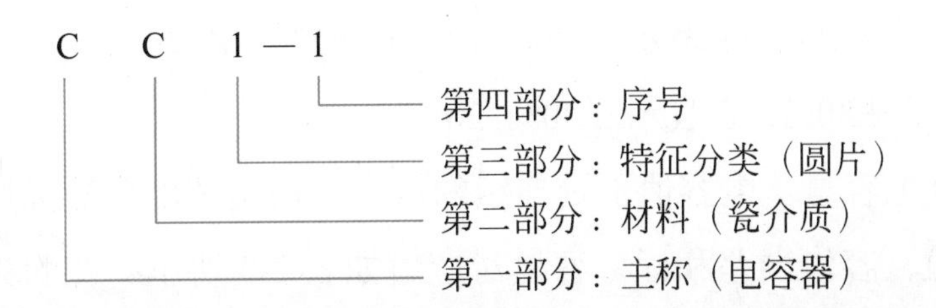

（3）纸介金属膜电容器：

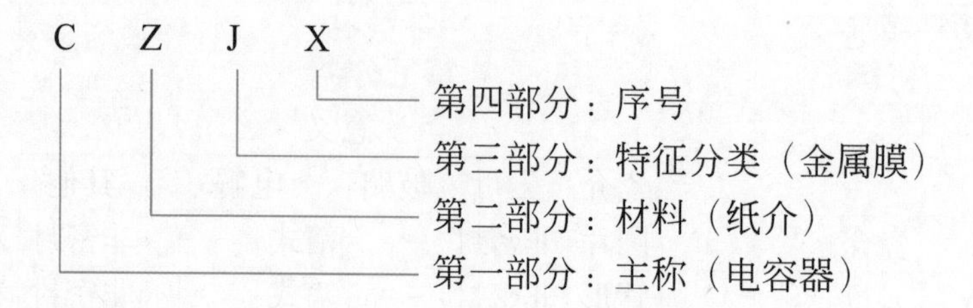

2. 电容器的主要技术指标

（1）电容器的耐压。常用固定式电容的直流工作电压系列为 6.3V、10V、16V、25V、40V、63V、100V、160V、250V、400V。

（2）电容器容许误差等级。常见的有 7 个等级，如表 2-2 所示。

表 2-2 容许误差等级

容许误差	±2%	±5%	±10%	±20%
级　别	0.2	Ⅰ	Ⅱ	Ⅲ

实际电容量和标称电容量允许的最大偏差范围一般分为 3 级：Ⅰ级 ±5%，Ⅱ级 ±10%，Ⅲ级 ±20%。在有些情况下，还有 0 级，误差为 ±20%。

精密电容器的允许误差较小，而电解电容器的误差较大，它们采用不同的误差等级。

常用的电容器的精度等级和电阻器的表示方法相同，用字母表示如下。D——005 级——±0.5%；F——01 级——±1%；G——02 级——±2%；J——Ⅰ级——±5%；K——Ⅱ级——±10%；M——Ⅲ级——±20%。

（3）额定工作电压。电容器在电路中能够长期稳定、可靠工作，所承受的最大直流电压，称为耐压。对于结构、介质、容量相同的器件，耐压越高，体积越大。

电容器常用字母代表误差。B 表示 ±0.1%，C 表示 ±0.25%，D 表示 ±0.5%，F 表示 ±1%，G 表示 ±2%，J 表示 ±5%，K 表示 ±10%，M 表示 ±20%，N 表示 ±30%，Z 表示 ±80%-20%。

（4）标称电容量。电容值不是连续的数字，而是按电容器标称容量系列来标定电容值，容许误差和标称容量对应值如表 2-3 所示，在购买器件时也要按照标称系列购买。

表 2-3　固定式电容器容许误差和标称容量对应值

系列代号	E24	E12	E6
容许误差	±5%（Ⅰ）或（J）	±10%（Ⅱ）或（K）	±20%（Ⅲ）或（M）
标称容量对应值	10,11,12,13,15,16,18,20,22,24,27,30,33,36,39,43,47,51,56,62,68,75,82,90	10,12,15,18,22,27,33,39,47,56,68,82	10,15,22,23,47,68

注：标称电容量为表中数值或表中数值再乘以 10^n，其中 n 为正整数或负整数，单位为 pF。

（5）温度系数。即在一定温度范围内，温度每变化 1℃，电容量的相对变化值。温度系数越小越好。

（6）绝缘电阻。用来表明漏电大小。一般小容量的电容，绝缘电阻很大，在几百兆欧姆或几千兆欧姆。电解电容的绝缘电阻一般较小。相对而言，绝缘电阻越大，漏电就越小。

（7）频率特性。即电容器的电参数随电场频率而变化的性质。在高频条件下工作的电容器，介电常数在高频时比低频时小，电容量也相应减小。损耗也随频率的升高而增加。另外，在高频工作时，电容器的分布参数，如极片电阻、引线和极片间的电阻、极片的自身电感、引线电感等，都会影响电容器的性能。这些均使得电容器的使用频率受到限制。

不同品种的电容器，最高使用频率不同。小型云母电容器在 250MHz 以内；圆片型瓷介电容器为 300MHz；圆管型瓷介电容器为 200MHz；圆盘型瓷介可达 3000MHz；小型纸介电容器为 80MHz；中型纸介电容器只有 8MHz。

3. 电容器的标识方法

（1）直标法。

电容量单位为 F（法拉）、μF（微法）、nF（纳法）、pF（皮法或微微法）。

$1F=10^6\mu F=10^{12}pF$，$1\mu F=10^3nF=10^6pF$，$1nF=10^3pF$

例如，4n7 表示 4.7nF 或 4700pF，0.22 表示 0.22μF，51 表示 51pF。用小于 1 的数字表示单位为 μF 的电容，如 0.1 表示 0.1μF。

（2）数码表示法。

有时用大于 1 的两位以上的数字表示单位为皮法的电容，一般用三位数字表示容量的大小，单位为皮法。前两位为有效数字，后一位表示位率，即乘以 10^i，i 为第三位数字，若第三位数字为 9，则乘以 10^{-1}。如 223J 代表 22×10^3pF=22000pF=0.22μF，允许误差为 ±5%；又如 479K 代表 47×10^{-1}pF，允许误差为 ±5% 的电容。这种表示方法最为常见。

（3）色码表示法。

这种表示法与电阻器的色环表示法类似，颜色涂于电容器的一端或从顶端向引线排列。色码一般用三环表示数值，前两环为有效数字，第三环为位率，单位为 pF。第 4 环为误差。有时色环较宽，如红红橙，两个红色环涂成一个宽的，表示 22000pF，如图 2-13 所示。

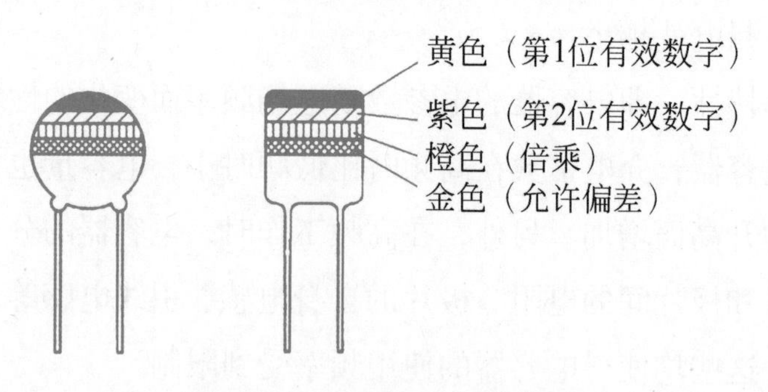

图 2-13　电容色码表示法

（4）文字符号法。

用数字、文字符号有规律地组合来表示容量。文字符号表示其电容量的单位 p、n、μ、F 等。数值、字母（m、μ、n、p）表示数值的量级。字母 m 表示毫法（10^{-3}F）、μ 表示微法（10^{-6}F）、n 表示毫微法（10^{-9}F）、p 表示微微法（10^{-12}F）。字母有时也表示小数点，如 33m 表示 33000μF，47n 表示 0.047μF，3μ3 表示 3.3μF，5n9 表示 5900pF，2p2 表示 2.2pF。另外，在数字前面加 R，则表示为零点几微法，即 R 表示小数点，如 R22 表示 0.22pF。标称允许偏差也和电阻的表示方法相同。小于 10pF 的电容，其允许偏差用字母代替：B 表示 ±0.1pF，C 表示 ±0.2pF，D 表示 ±0.5pF，F 表示 ±1pF。

任务 2.3　总结及评价

先分组进行总结，分别说出制作过程及体会，写出书面总结。再互相检查制作结果，集体给每一位同学打分。

1. 任务完成大调查

任务完成后，还要进行总结和讨论，教学时可用表 1-5 所示打分表来进行自我评价。

2. 行为考核指标

行为考核指标，主要采用批评与自我批评、自育与互育相结合的方法。采用自我考核和小组考核后班级评定的方法。班级每周进行一次民主生活会，就行为指标进行评议，教学时可用表 1-6 所示评分表来进行自我评价。

3. 集体讨论题

上网搜索电容资料，并进行思维导图式讨论。

4. 思考与练习

（1）掌握电容的基本使用方法，研究其规律。

（2）叙述电容在软件中的符号。

项目3 电 感 器

电感器（Inductor）是能够把电能转换为磁能而存储起来的元件。电感器的结构类似于变压器，但只有一个绕组。电感器具有一定的电感，它只阻碍电流的变化。如果电感器在没有电流通过的状态下，电路接通时将试图阻碍电流流过；如果电感器在有电流通过的状态下，电路断开时将试图维持电流不变。电感器又称为扼流器、电抗器、动态电抗器。本项目通过对电感的认识和电路制作实验，全面了解电感。

任务 3.1　频闪灯制作

频闪灯的工作原理是根据设定的频率或根据外触发频率来控制闪光灯的闪烁频率，作为一个完整的系统，包括人机显示界面、调节和功能选择按钮、闪光控制模块、闪光灯供电模块和外触发自动跟踪模块等。

3.1.1　频闪灯积木搭建

用发光二极管做电感演示实验。在电路中，两个发光二极管并联，且极性相反。它们同时与一个电感器并联，按下按钮开关，可以看到其中一个发光二极管闪烁一下，放开按钮开关，另一个发光二极管闪烁一下。频闪灯积木拼装如图 3-1 所示。

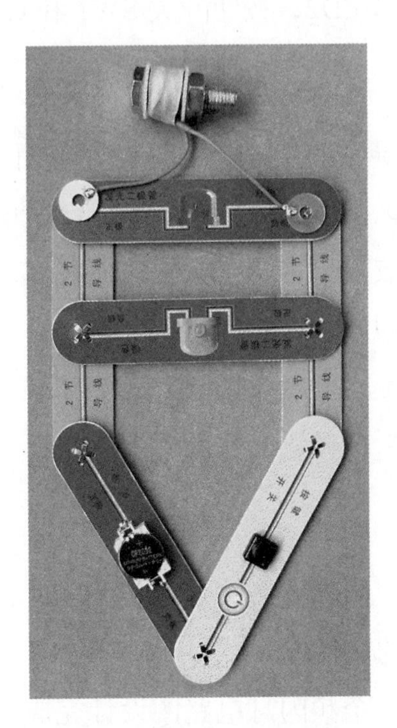

图 3-1　频闪灯积木拼装

这是因为在电路接通的一瞬间，由于自感效应，电感产生阻碍电流变化的作用（阻交流），相当于电感处断路，这样其中一个发光二极管就会通电发光（两个发光二极管极性相反，因此只有一个能够发光）。但是随即自感电动势消失，电感器变成通路（通直流），这样发光二极管被短路，停止发光，因此只看到它闪烁一下。放开按钮开关，电流消失，电感器会阻碍这一变化趋势，产生自感电流，让另一个发光二极管闪烁一下。

3.1.2 频闪灯电路图制作

打开电子 CAD 软件，在工程设计界面中选择“新建工程”，按提示新建工程，并命名为 3，保存新工程。进入制作原理图窗口，开始制作原理图。

1. 放置器件

在原理图设计界面左边的竖立工具页标签中选择“常用库”→“电感”，双击后该器件处于浮动状态，拖曳鼠标将该器件移动到合适的位置后单击，放置好该器件。按 Esc 键退出放置状态，可进行下一个元器件放置，可分别放置发光二极管 LED1、LED2，按钮开关 SW1 和 GND 等器件。

2. 放置导线

器件放置后再进行导线连接，在工程设计界面的工具栏中选择 ⌐ 工具，此时出现一个十字光标，拖曳鼠标选定导线起点后单击，鼠标此时还是十字形，再将鼠标拖曳到终点后单击，一条导线放置完成。按 Esc 键退出放置状态，可进行下一条导线的放置。

注意：连线的依据是实物图 3-1，每个器件有两个连线端，头尾各连接什么器件不能出错，一旦出错就无法实现产品功能，这一点需要特别注意。

3. 保存文件

原理图制作完成后，选择“文件”→“保存”命令保存文件，在 123 文件夹中会看到取名为 3 的文件。

经过以上绘制后，一个频闪灯电路图设计完成，如图 3-2 所示。该电路的功能是在一个电感器两端分别接入两个发光二极管和一个按钮，拼接好后，按一下按钮，发光二极管会亮一下，亮的时间长短由电感容量决定。

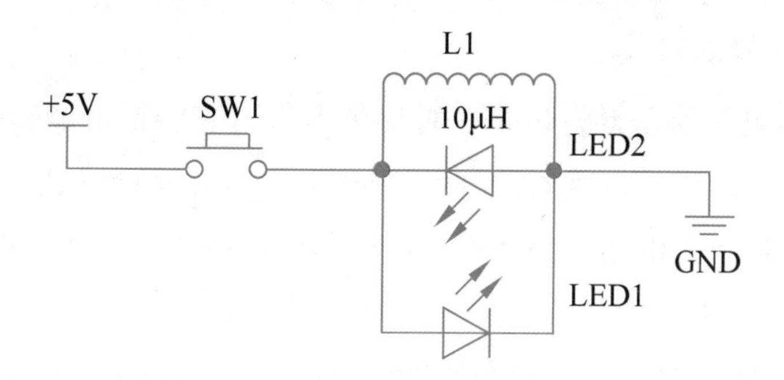

图 3-2　频闪灯电路图

任务 3.2　电 感 知 识

电感器可由电导材料盘绕磁心制成，典型的有铜线，也可把磁心去掉或者用铁磁性材料代替。比空气的磁导率高的心材料可以把磁场更紧密地约束在电感元件周围，因而增大了电感。电感器有很多种，大多以外层瓷釉线圈（enamel coated wire）环绕铁氧体（ferrite）线轴制成，而有些防护电感把线圈完全置于铁氧体内。一些电感器元件的心可以调节，由此可以改变电感大小。

3.2.1　电感器的符号和外形

电感器一般由骨架、绕组、屏蔽罩、封装材料、磁心或铁心等组成。下面具体介绍电感器的符号。

1. 电感器和电位器的符号

电感器有代数符号和图形符号。电感器的代数符号通常用字母 L 表示；电感器的图形符号如图 3-3 所示。

电感器一般符号

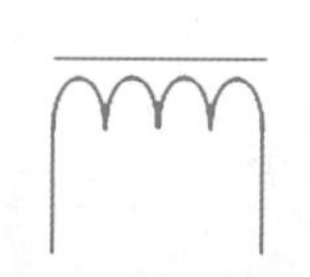

铁心电感器

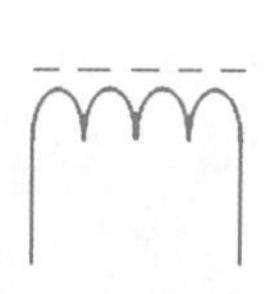

磁心电感器

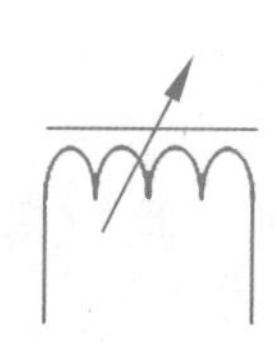

可变电感器

图 3-3　电感器的图形符号

2. 电感器的种类

电感器和电容器一样，也是一种储能元件，它能把电能转换为磁场能，并在磁场中储存能量。电感器的特性恰恰与电容器的特性相反，它具有阻止交流电通过而让直流电通过的特性。电感器应用较广，种类也很多，下面具体介绍。

按电感形式分成固定电感器和可变电感器。电感器外形多种多样，下面列举一些常见电感器。图 3-4 为绕线电感器，图 3-5 为贴片电感器，图 3-6 为固定电感器，图 3-7 为电感线圈，图 3-8 为可调电感器。

图 3-4　绕线电感器　　图 3-5　贴片电感器

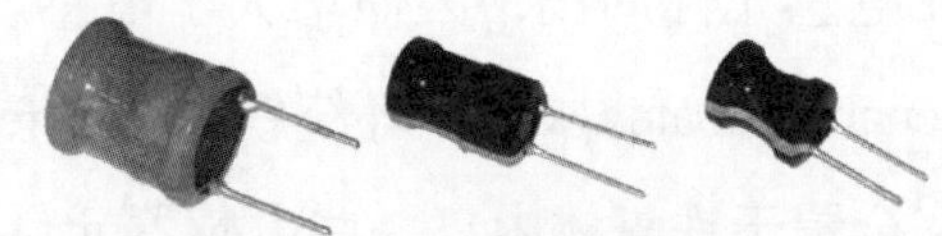

图 3-6　固定电感器

图 3-7　电感线圈

图 3-8　可调电感器

3.2.2　电感器主要特性参数及其表示

电感器除符号和外形外还有很多参数，如电感量、电感量误差（电感精度）、电感器所承受的最大电流以及这些参数的表示方法。

1. 电感器的型号命名及含义

电感器的型号命名及含义如表 3-1 所示，命名时要考虑材料、特征、序号等。

表 3-1　电感器的型号命名及含义

第一部分：主称		第二部分：电感量			第三部分：误差范围	
字母	含义	数字与字母	数字	含义	字母	含义
L 或 PL	电感线圈	2R2	2.2	2.2μH	J	±5%
		100	10	10μH	K	±10%
		101	100	100μH		
		102	1000	1mH	M	±20%
		103	10000	10mH		

第一部分用字母表示主称为电感线圈。

第二部分用字母与数字混合或数字来表示电感量。

第三部分用字母表示误差范围。

2. 标识方法

（1）直标法。单位为 H（亨利）、mH（毫亨）、μH（微亨）。

（2）数码表示法。方法与电容器的表示方法相同。

色码表示法。这种表示法也与电阻器的色标法相似，色码一般有四种颜色，前两种颜色为有效数字，第三种颜色为倍率，单位为 μH，第四种颜色是误差位。色标统一规定如表 3-2 所示。如棕、黑、金，金表示 1μH（误差为 ±5%）的电感量。电感量的基本单位为亨（H），换算单位有 1H=103mH=106μH。

例如，某电感器的色环标志如下。

红红银黑：表示其电感量为 0.22mH（1±20%）；

黄紫金银：表示其电感量为 4.7pH（1±0%）。

电感器的主要参数有电感量、固有电容、感抗、品质因数及额定电流等，下面具体介绍。

表 3-2 色标

颜色	标称电感量（Nominal inductance）/μH			电感量误差（Tolerance）
	第一色环（1st color zone）	第二色环（2nd color zone）	第三色环（3rd color zone）	第四色环（4th color zone）
	第一位数字（1st digit）	第二位数字（2nd digit）	第三位数字（3rd digit）	
黑（Black）	0	0	$\times10^0$（1）	M：±20%
棕（Brown）	1	1	$\times10^1$（10）	
红（Red）	2	2	$\times10^2$（100）	
橙（Orange）	3	3	$\times10^3$（1000）	
黄（Yellow）	4	4	$\times10^4$（10000）	
绿（Green）	5	5	$\times10^5$（100000）	
蓝（Blue）	6	6		
紫（Purple）	7	7		
灰（Gray）	8	8		
白（White）	9	9		
金（Gold）	—	—	$\times10^{-1}$（0.1）	J：±5%
银（Silver）	—	—	$\times10^{-2}$（0.01）	K：±10%

（1）电感量。电感量的大小跟线圈的圈数，线圈的直径，线圈内部是否有铁心，线圈的绕制方式都有直接关系。圈数越多，电感量越大。线圈内有铁心、磁心的，比无铁心、磁心的电感量大。

在没有非线性导磁物质存在的条件下，一个载流线圈的磁通量与线圈中的电流成正比，其比例常数称为自感系数，用 L 表示，简称为电感，即

$$L=\frac{\varphi}{I}$$

其中，φ 表示磁通量，I 表示电流。

（2）固有电容。由于线圈每两圈（或每两层）导线可被看成电容器的两块金属片，导线之间的绝缘材料相当于绝缘介质，这相当于一个很小的电容，这一电容称为线圈的“分布电容”。由于分布电容的存在，将使线圈的 Q 值下降，稳定性变差，为此将线圈绕成蜂房式。对无线线圈则采用间绕法，以减小分布电容。

（3）感抗（X_L）。电感线圈对交流电流阻碍作用的大小称为感抗，单位

是欧姆。它与电感量 L 和交流电频率 f 的关系为 $X_L=2\pi fL$。

（4）品质因数。电感线圈的品质因数定义为

$$Q=\frac{\omega L}{R}$$

其中，ω 表示工作角频率，L 表示线圈电感量，R 表示线圈的总损耗电阻。

线圈的 Q 值愈高，回路的损耗愈小。线圈的 Q 值与导线的直流电阻，骨架的介质损耗，屏蔽罩或铁心引起的损耗，高频趋肤效应的影响等因素有关。线圈的 Q 值通常为几十到几百。

（5）额定电流。线圈中允许通过的最大电流。

（6）线圈的损耗电阻。线圈的直流损耗电阻。

任务 3.3　总结及评价

先分组进行总结，分别说出制作过程及体会，写出书面总结。再互相检查制作结果，集体给每一位同学打分。

1. 任务完成大调查

任务完成后，还要进行总结和讨论，教学时可用表 1-5 所示打分表来进行自我评价。

2. 行为考核指标

行为考核指标，主要采用批评与自我批评、自育与互育相结合的方法。采用自我考核和小组考核后班级评定的方法。班级每周进行一次民主生活会，就行为指标进行评议，教学时可用表 1-6 所示评分表来进行自我评价。

3. 集体讨论题

上网搜索 EDA 中移动器件的基本方法，并进行思维导图式讨论。

4. 思考与练习

（1）掌握 EDA 中修改字符的基本方法，研究其规律。

（2）掌握各种电感器在软件中的符号。

项目 4　二　极　管

二极管又称为晶体二极管，简称为二极管（diode）。它是只往一个方向传送电流的电子器件。本项目通过对二极管的认识和电路制作实验，全面了解二极管。

任务 4.1　二极管指示灯制作

发光二极管指示灯广泛用在各种背光源、仪表、工控表上，通过不同颜色的发光二极管应用来实现各种功能。发光二极管指示灯作为一种高效、节能、寿命长的光源，其特点使得它成为人们生活中不可或缺的重要装置。随着科技的进步和市场需求的增加，相信 LED 指示灯将会有更加广阔的前景，并为人们带来更多的便利和舒适。

4.1.1　二极管指示灯电子积木搭建

二极管指示灯积木拼装如图 4-1 所示，红色发光二极管（器件编号为 17 号）、100Ω 电阻（器件编号为 30 号）、开关（器件编号为 15 号）等组成。电源采用两节 5 号电池。

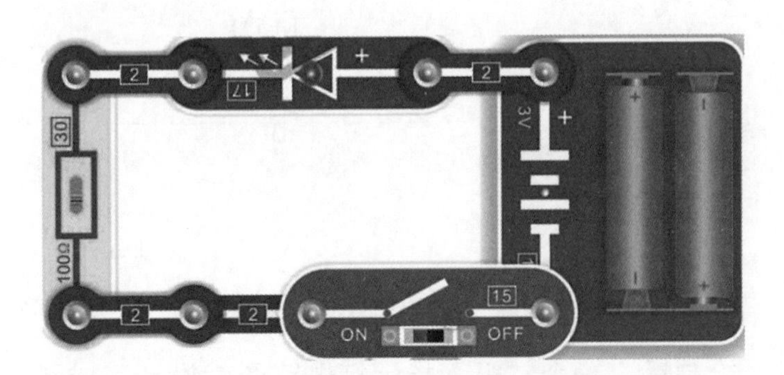

图 4-1　二极管指示灯积木拼装图

将电池（P1）、LED 灯（D1）和开关（S1）按原理图依次接入电路。注意，LED 灯的长引脚为正极，对应 + 号位置；短引脚为负极，对应 − 号位置。当开关（S1）按下时，电路导通形成回路，LED 灯被点亮。

注意： 当 LED 灯接反时，LED 灯将处于高电阻状态，相当于电路中接入了极大的电阻，即便按下开关，LED 灯也不会发光。除了通过长、短引脚判断 LED 灯正负极性，也可以观察 LED 灯内部，支架大的连接引脚为负，支架小的连接引脚为正。

4.1.2 二极管指示灯电路图制作

按照项目 1 的方法新建一个名为 4 的工程后进入制作原理图窗口，在制作过程中，制作的图有时会看不到，有时图很小，可以使用软件提供的操作菜单和工具条来调整制作图。主菜单中的“视图”菜单，是专门处理呈现在窗口中所做图形的菜单，读者可自行尝试使用。也可以使用工具条来调整，单击工具条上的⛶图标后，图形就收缩到窗口中间，单击工具条上的⬚图标放大所作图形，单击后出现浮动十字光标，将光标置于图形左上角后单击，出现方框，再将十字光标移动到图形右下角，在框覆盖整个图形后单击，图形就可以放大到框的大小。

本项目器件不多，制作过程简单，这里不再赘述，直接给出电路图，如图 4-2 所示。然后保存该文件，可以选择菜单栏里的“保存”命令或者单击工具条上的🖫图标，在原来的 123 文件夹中会看到取名为 4 的文件。

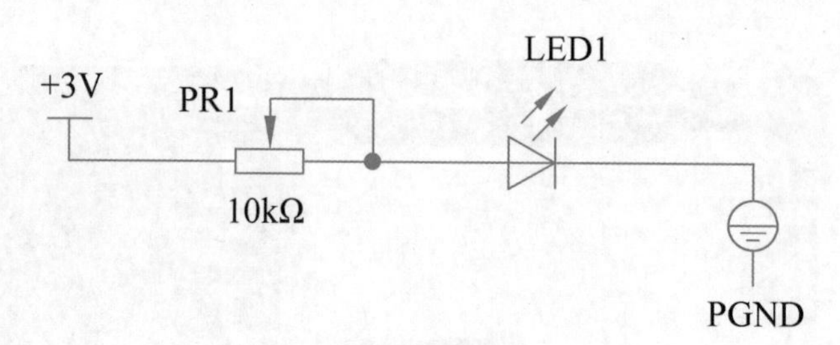

图 4-2 二极管指示灯电路图

经过以上绘制后，一个二极管指示灯电路图就设计完成了。该电路的功能是在一个二极管两端分别接入一个电阻和电源（注意，二极管不要接反了方向），通电后，二极管会点亮。

任务 4.2 二极管知识

晶体二极管简称为二极管。它是由一个 PN 结组成的器件，具有单向导电性，其正向电阻小（一般为几百欧姆），反向电阻大（一般为几十千欧至

几百千欧）。利用此点可用万用表来判别引脚极性。二极管可分为两种，一种叫作锗管，另一种叫作硅管。一般情况下，硅管的正方向的压降（0.7V左右）会比锗管（0.3V 左右）更大，而反方向的漏电流则会比锗管更小，同时可以承受的温度也会比锗管更高。

4.2.1　二极管的符号和外形

二极管种类很多，应用[illegible]在外形上有很大差别，但符号是统一的。下[illegible]

[illegible]，二极管的代数符号通常用字母 VD 表示。[illegible]，左起分别为二极管、发光二极管、光电二[illegible]

[illegible]的图形符号

2. [illegible]

二极[illegible]端器件。这些器件的主要特征是具有非线性[illegible]体材料和工艺技术的发展，利用不同的半导[illegible]研制出结构种类繁多、功能用途各异的多种[illegible]所示。

[illegible]型

分类方[illegible]	[illegible]	说　明
按材料不同	[illegible]	[illegible]二极管，常用二极管
	[illegible]	[illegible]二极管
按用途不同	[illegible]	[illegible]二极管
	[illegible]二极管	主要用于整流
	稳压二极管	常用于直流电源

续表

分类方法	种类	说明
按用途不同	开关二极管	专用于开关的二极管，常用于数字电路
	发光二极管	能发出可见光，常用于指示信号
	光电二极管	具有光电作用的二极管
	变容二极管	常用于高频电路
按外壳封装的材料不同	玻璃封装二极管	检波二极管一般采用这种二极管
	塑料封装二极管	大量二极管采用这种材料
	金属封装二极管	大功率整流二极管一般采用这种材料

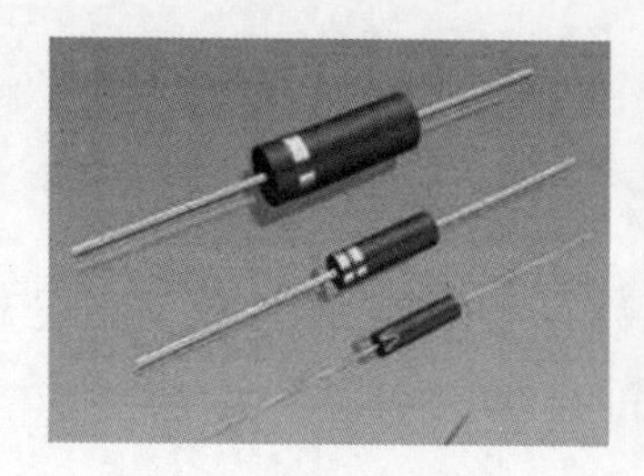
(a) 整流二极管

(b) 稳压二极管

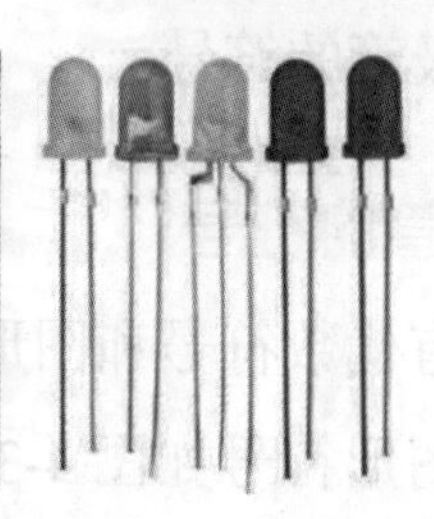
(c) 发光二极管

(d) 变容二极管

图 4-4　各类型二极管

3. 二极管型号的命名

二极管型号的命名由 5 部分组成，型号组成部分及其含义如表 4-2 所示。

表 4-2　二极管型号组成部分及其含义

第一部分（数字）		第二部分（字母）		第三部分（字母）		第四部分（数字）	第五部分（字母）
电极数		材料和极性		类型		序号	规格号（表示反向峰值电压的档次）
符号	意义	符号	意义	符号	意义		
2	二极管	A	N 型锗材料	P	普通管		
		B	P 型锗材料	Z	整流管		
		C	N 型硅材料	W	稳压管		
		D	P 型硅材料	U	光电管		
				K	开关管		
				C	参量管		
				L	整流堆		
				S	隧道管		

常见的晶体二极管序号含义如下：

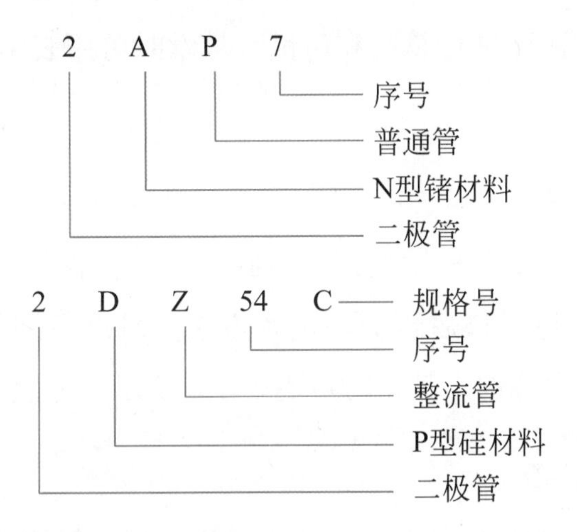

4.2.2　二极管主要特性参数

电子器件的参数是其特性的定量描述，也是实际工作中根据要求选用器件的主要依据。二极管的主要参数有以下几个。

（1）最大整流电流。指二极管长期安全应用时，允许通过管子的最大正向平均电流。

（2）最大反向工作电压。指工作时加在二极管两端的反向电压不得超过此值。

（3）反向电流。指在室温条件下，二极管两端加上规定的反向电压时，流过管子的反向电流值。

（4）最高工作频率。指二极管在工作时可达到的最高的工作频率。

（5）直流电阻和交流电阻。①直流电阻，指二极管两端所加的电压与流过管子的直流电流之比值。②交流电阻，由于流经二极管的电流不是线性的关系，因此不同的工作点具有不同的交流电阻。

任务 4.3　总结及评价

先分组进行总结，分别说出制作过程及体会，写出书面总结。再互相检查制作结果，集体给每一位同学打分。

1. 任务完成大调查

任务完成后，还要进行总结和讨论，教学时可用表 1-5 所示打分表来进行自我评价。

2. 行为考核指标

行为考核指标，主要采用批评与自我批评、自育与互育相结合的方法。采用自我考核和小组考核后班级评定的方法。班级每周进行一次民主生活会，就行为指标进行评议，教学时可用表 1-6 所示评分表来进行自我评价。

3. 集体讨论题

上网搜索 EDA 中的字符移动方法，并进行思维导图式讨论。

4. 思考与练习

（1）掌握 EDA 中的字符放置方法，研究其规律。

（2）了解各种二极管。

项目5 三 极 管

三极管，全称为半导体三极管，也称为双极型晶体管、晶体三极管，是一种电流控制的半导体器件，其作用是把微弱信号放大成幅值较大的电信号。本项目通过对三极管的认识和电路制作实验，全面了解三极管。

任务 5.1　三极管放大器制作

三极管是一种半导体器件，通常被用作放大器、开关和其他电子电路中的基本构建模块。以下是一些常见的三极管应用：放大器、开关、振荡器、检波器、稳压器、电源、电流控制器、温度控制器等，总之，三极管是电子电路中的基本器件，在电路中具有非常广泛的应用。

5.1.1　三极管放大器积木拼装

三极管是电子电路中最重要的器件，最主要的功能是电流放大和起开关作用，它可以把微弱的电信号转换成一定强度的信号。当然，这种转换仍然遵循能量守恒，只是把电能量转换成信号的能量。

三极管有 3 个电极，分别叫作发射极 E、基极 B 和集电极 C。只要三极管的基极 B 中有较小的电流流过，发射极 E 和集电极 C 就会有较大的电流通过，这就是三极管的电流放大作用。当基极电压有一个微小的变化时，基极电流也会随之有小的变化，受基极电流的控制，集电极电流会有一个很大的变化，基极电流越大，集电极电流也越大；反之，基极电流越小，集电极电流也越小，即基极电流控制集电极电流的变化。但是集电极电流的变化比基极电流的变化大得多，这就是三极管的放大特性。三极管的放大倍数 β 一般在几十到几百倍。

按图 5-1 装好电路，慢慢调节可变电阻，到达一定阻值时，发光二极管点亮，灯泡也同时点亮，基极 B 只有小电流，集电极已有较大的电流。

5.1.2　三极管放大器电路图制作

按照项目 1 的方法新建一个名为 5 的工程，进入制作原理图窗口，开始制作原理图。

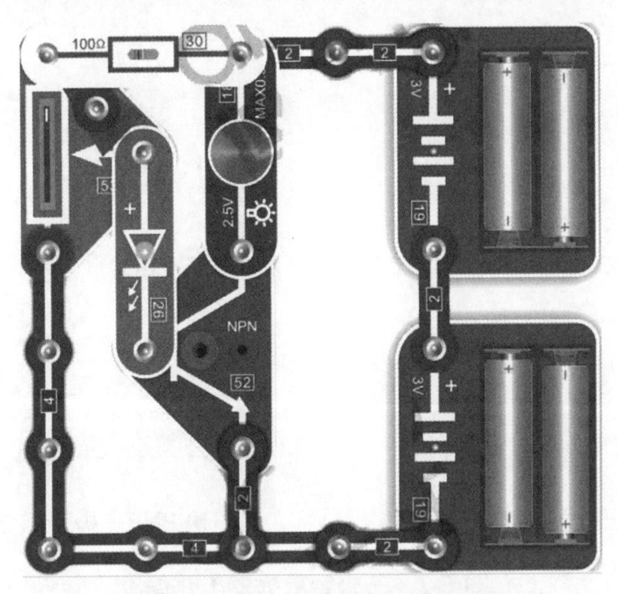

图 5-1　三极管放大器积木拼装

1. 放置器件

在原理图设计界面左边的竖立工具页标签中选择“常用库”标签，在标签中选中三极管并放置，之后可进行下一个元器件放置。可分别放置发光二极管 LED2、可变电阻 PR1、电阻 R1、按钮开关 SW1、灯泡 H1 等器件。

器件放置后再进行导线连接，导线放置方法很容易掌握，这里不再赘述，只介绍删除线的方法，若线连接不对，可以删除，方法是单击要删除的线，线由绿色变成红色，右击，出现浮动菜单，选择“删除”命令，可删除该线，也可选中要删除的线后按 Delete 键删除。

2. 保存文件

原理图制作完成后，选择“文件”→“保存”命令，这样就保存好了文件，在原来 123 文件夹中，会看到取名为 5 的文件。

经过以上绘制后，一个三极管放大器电路图设计完成，如图 5-2 所示，其中图 5-2（a）为 NPN 三极管组成的电路，图 5-2（b）为 PNP 三极管组成的电路，注意不同三极管的使用方法。该电路的功能是三极管放大电路，调节可变电位器，二极管亮度会改变，灯泡亮度也跟着改变，灯泡回路电流大，二极管回路电流小，观察亮度变化，体会三极管的放大功能。

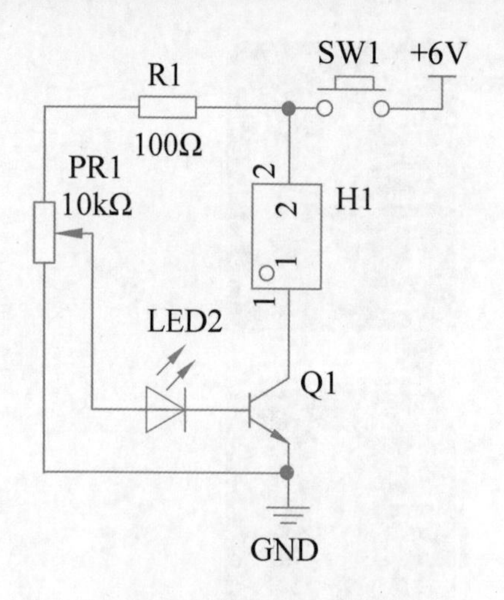

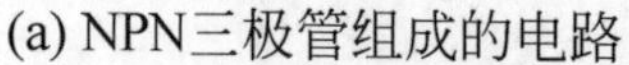
(a) NPN三极管组成的电路

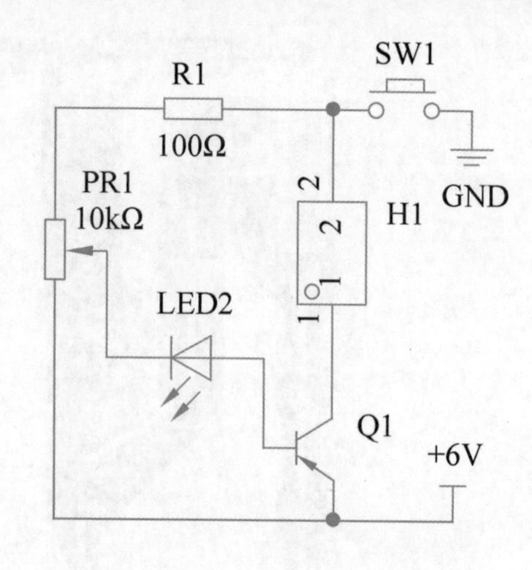

(b) PNP三极管组成的电路

图 5-2　三极管放大器电路图

任务 5.2　三极管知识

三极管是半导体基本元器件之一，具有电流放大作用，是电子电路的核心元器件。它有统一规格和符号，下面具体介绍。

5.2.1　三极管的符号和外形

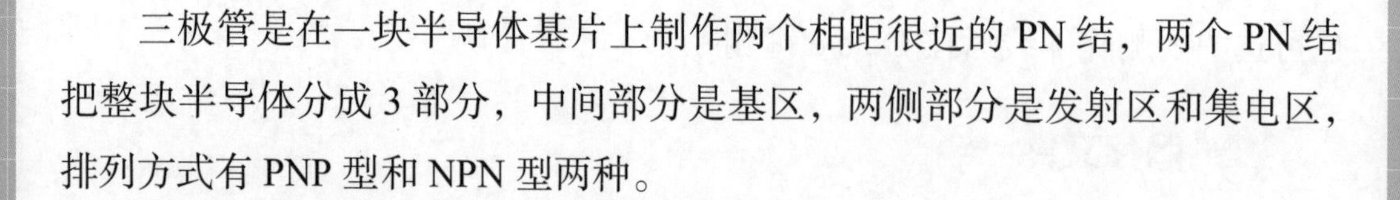

三极管是在一块半导体基片上制作两个相距很近的 PN 结，两个 PN 结把整块半导体分成 3 部分，中间部分是基区，两侧部分是发射区和集电区，排列方式有 PNP 型和 NPN 型两种。

1. 三极管的符号

在结构的理解上，可以把晶体三极管的结构看作两个背靠背的 PN 结，对 NPN 型晶体管来说，基极是两个 PN 结公共阳极，对 PNP 型晶体管来说，基极是两个 PN 结的公共阴极，分别如图 5-3（a）和（b）所示。

详细结构图如图 5-4 所示，三极管有三区两结。三区为发射区、基区、集电区，两结为发射结、集电结。不管是 PNP 型，还是 NPN 型，三区

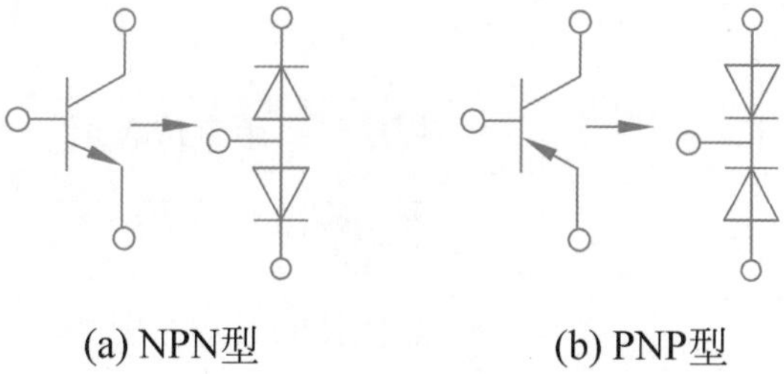

(a) NPN型　　(b) PNP型

图 5-3　晶体三极管结构示意图

两结是相同的，区别在于两结偏置不同，表现在发射极箭头方向不同，箭头方向也代表了电流方向，因而两管的电流方向不同。设计时要特别注意这些。

三极管的命名方法各国不同，这给应用和设计带来不便，为了应用方便，专门有三极管参数手册和三极管代换手册。下面具体介绍三极管的命名方法。

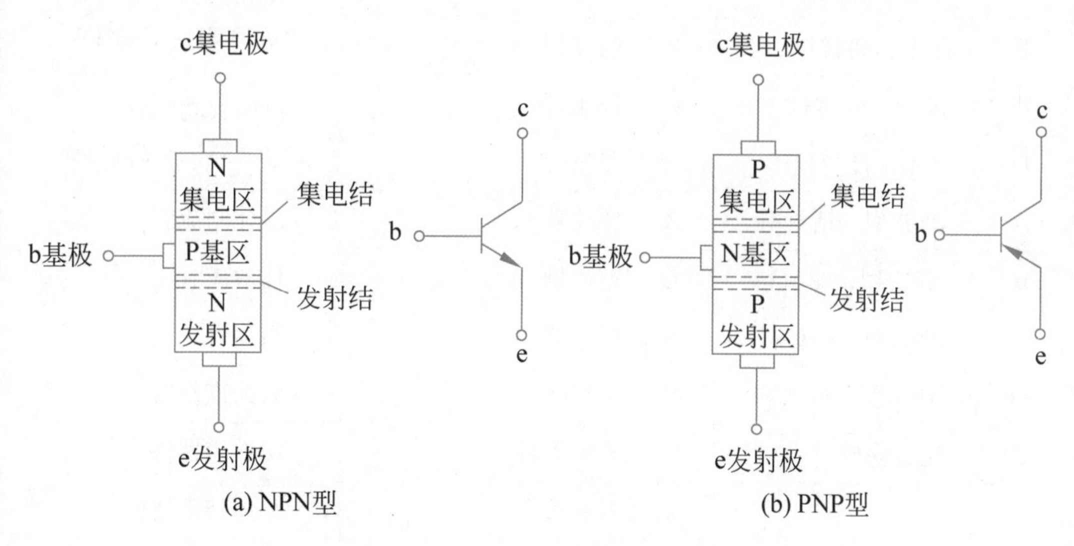

图 5-4　三极管的结构、符号

2. 晶体管型号的命名

图 5-5 为晶体管型号的命名方法，左边第 1 位为晶体管电极的数目，第 2 位为半导体的材料与极性，第 3 位为晶体管的类别，第 4 位为序号，即登记顺序，第 5 位为规格号。各位的数字、字母的意义如表 5-1 所示。

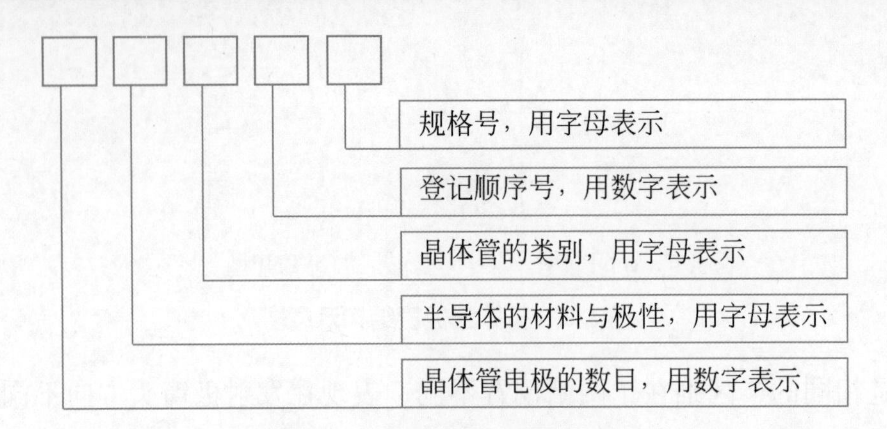

图 5-5　晶体管型号的命名方法

表 5-1　晶体管型号的命名

半导体的材料与极性		晶体管的类别			
字母	**意　义**	**字母**	**意　义**	**字母**	**意　义**
A	N 型，锗材料	P	普通型	D	低频大功率管（$f<3\text{MHz}, P_C\geqslant 1\text{W}$）
B	P 型，锗材料	V	微波管		
C	N 型，硅材料	W	稳压管	A	高频大功率管（$f\geqslant 3\text{MHz}, P_C\geqslant 1\text{W}$）
D	P 型，硅材料	C	参量管		
A	PNP 型，锗材料	Z	整流器	T	晶体闸流管
B	NPN 型，锗材料	L	整流堆	Y	体效应管
C	PNP 型，硅材料	S	隧道管	B	雪崩管
D	NPN 型，硅材料	N	阻尼管	J	阶跃恢复管
E	化合物材料	V	光电器件	CS	场效应器件
		K	开头管	BT	晶体特殊器件
		X	低频小功率管（$f<3\text{MHz}, P_C<1\text{W}$）	PIN	PIN 型管
				PH	复合管
		G	高频小功率管（$f\geqslant 3\text{MHz}, P_C<1\text{W}$）	JG	激光器件

3. 三极管的种类

三极管顾名思义具有三个电极。二极管是由一个 PN 结构成的，而三极管由两个 PN 结构成，共用的一个电极称为三极管的基极（用字母 b 表示）。其他的两个电极称为集电极（用字母 c 表示）和发射极（用字母 e 表示）。由于不同的组合方式，形成了两种不同的三极管，一种是 NPN 型的三极管，另一种是 PNP 型的三极管。

三极管的种类很多，并且不同型号有不同的用途。三极管大都是塑料封装或金属封装，常见三极管的外观如图 5-6 所示，大的很大，小的很小。

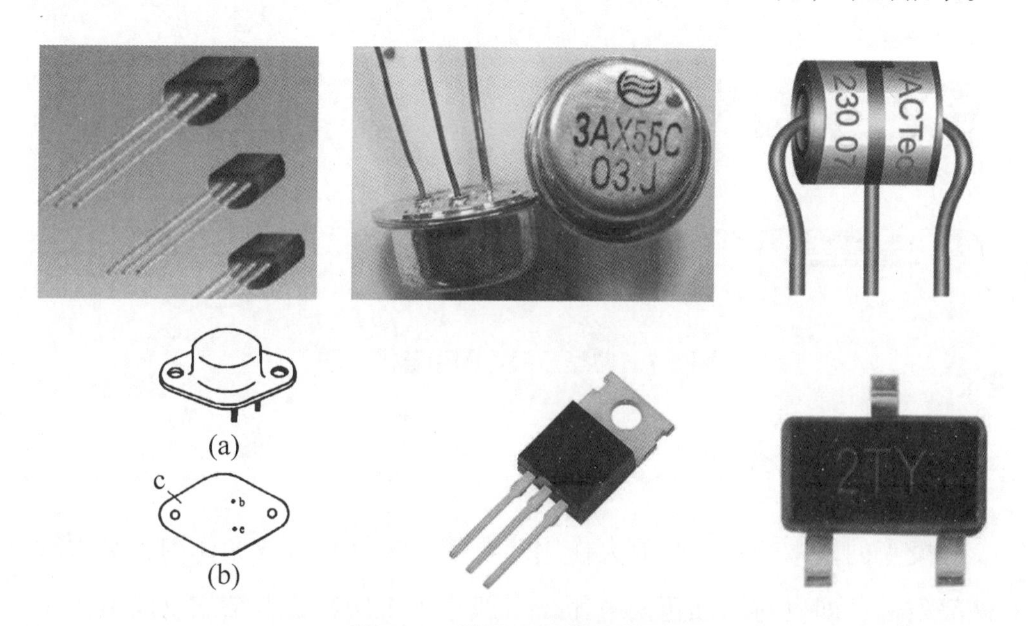

图 5-6　常见三极管的外观

（1）三极管依工作频率分为低频三极管和高频三极管。

（2）三极管依工作功率分为小功率、中功率和大功率三极管。

（3）三极管依封装形式分为金属封装、玻璃封装、塑料封装。

（4）三极管依导电特性分为 PNP 型和 NPN 型。

4. 用特殊标记判别三极管的管型和引脚

（1）根据三极管外壳上的型号，初判其类型。

（2）根据三极管的外形特点，初判其引脚。

（3）用万用表判别三极管的引脚及管型。

引脚判别可通过各种标记来判断，典型三极管的引脚排列如图 5-7 所示。用万用表判断方法有兴趣的读者可参阅相关书籍。

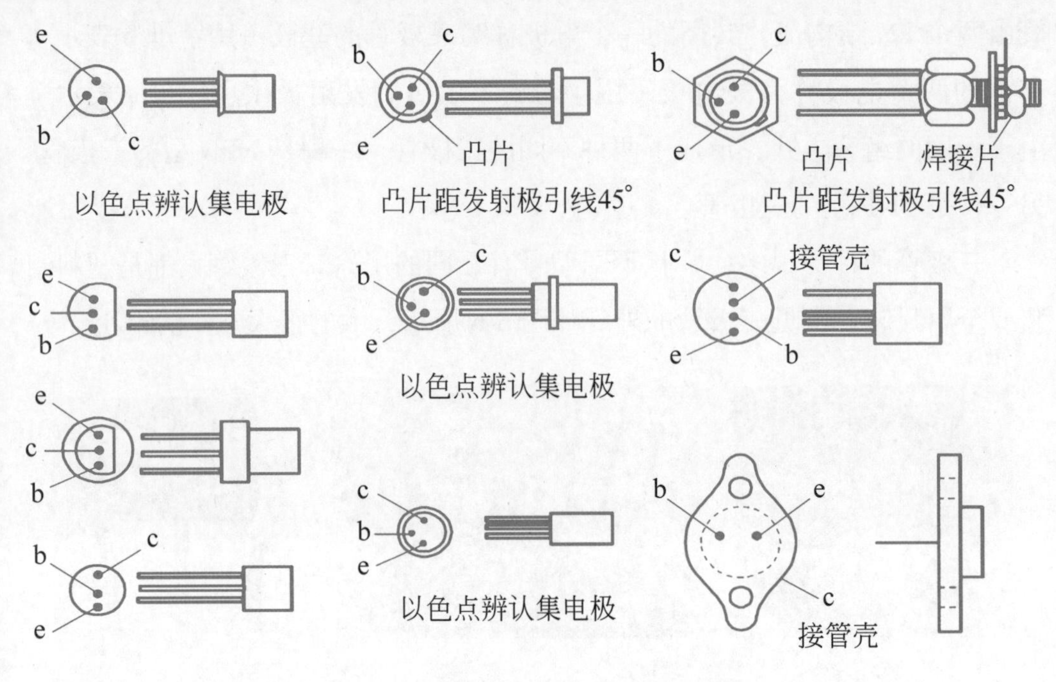

图 5-7 典型三极管的引脚排列图

5.2.2 主要特性参数

三极管的基本功能是起放大作用。要使三极管具有放大作用，必须满足其外部条件，即发射结加正向电压（一般小于 1V），集电结加反向电压（一般为几伏至几十伏）。在上述条件下，三极管才能工作在放大区。

1. 电流放大系数

三极管的电流放大系数分直流电流放大系数和交流电流放大系数两种。

2. 极间反向电流

三极管的极间反向电流主要指集电结反向电流 I_{CBO} 和集电极、发射极间的穿透电流 I_{CEO}。

（1）I_{CBO} 定义为发射极开路，在集电极和基极间加反向电压时，流过集电结的电流。它的大小反映集电结质量的好坏，I_{CBO} 越小越好。在常温下，小功率锗管为微安级，小功率硅管为纳安级。

（2）I_{CEO} 定义为基极开路，在集电极与发射极间加上一定反向电压时的集电极电流，该电流从集电区穿过基区到达发射区，所以称为穿透电流。穿透电流是反映三极管质量的重要参数，越小越好。

3. 三极管的极限参数

三极管的极限参数就是当三极管正常工作时，最大的电流、电压、功率等的数值，它是三极管能够长期、安全使用的保证。

（1）集电极最大允许电流 I_{CM}。当集电极的电流过大时，晶体管的电流放大系数 β 将下降，一般把 β 下降到规定的允许值时的集电极最大电流叫作集电极最大允许电流。使用中若 $I_C>I_{CM}$，管子不一定立即损坏，但性能将变坏。

（2）集电极与发射极间击穿电压 $U_{(BR)CEO}$。基极开路时，加于集电极和发射极间的反向电压逐渐增大，当增大到某一电压值 $U_{(BR)CEO}$ 时开始击穿，其 $U_{(BR)CEO}$ 叫作集电极与发射极间击穿电压。当温度上升时，击穿电压要下降，所以工作电压要选得比击穿电压小很多，一般选击穿电压的一半，以保证一定的安全系数。

（3）集电极最大允许耗散功率 P_{CM}。集电结是反向连接的，电阻很大，通过电流 I_C 后会产生热量，使集电结温度上升。根据三极管工作时允许的集电结最高温度 T_J（锗管为 700℃，硅管可达 1500℃），从而定出集电极的最大允许耗散功率 P_{CM}，使用时应满足 $P_C=U_{CEIC}<P_{CM}$，否则管子将因发热而损坏。根据 P_{CM} 的值，在输出特性上画出一条 P_{CM} 线，称为允许管耗线。

4. 频率参数

由于发射结和集电结的电容效应，三极管在高频工作时放大性能下降。频率参数是用来评价三极管高频放大性能的参数。

（1）共射截止频率 f_β。频率较低时，β 值基本保持常数，用 β_0 表示低频时的 β 值，当频率升到较高值时，β 值开始下降，下降到 β_0 的 70.7% 倍时的频率称为共射极截止频率，也叫作 β 的截止频率。

（2）特征频率。β 值下降到等于 1 时的频率称为特征频率 f_T。频率大于 f_T 之后，β 与 f 近似满足 $f_T=\beta_f$。

5. 温度对晶体管参数的影响

几乎所有晶体管参数都与温度有关，因此不容忽视。在电路设计时，要充分考虑温度参数的影响。

任务 5.3　总结及评价

先分组进行总结，分别说出制作过程及体会，写出书面总结。再互相检查制作结果，集体给每一位同学打分。

1. 任务完成大调查

任务完成后，还要进行总结和讨论，教学时可用表 1-5 所示打分表来进行自我评价。

2. 行为考核指标

行为考核指标，主要采用批评与自我批评、自育与互育相结合的方法。采用自我考核和小组考核后班级评定的方法。班级每周进行一次民主生活会，就行为指标进行评议，教学时可用表 1-6 所示评分表来进行自我评价。

3. 集体讨论题

上网搜索三极管的使用方法，并进行思维导图式讨论。

4. 思考与练习

（1）了解三极管的种类，研究其规律。

（2）掌握各种三极管在软件中的符号。

项目6 集 成 块

从项目1中已经知道，弱电电器设备是由5个基本器件构成，即电阻器、电容器、电感器、二极管、三极管。当电路太复杂时，需要的器件很多，就为安装、生产带来不便，故障概率增大。为了解决这些问题，电器工程师用特殊电路来取代电阻器、电容器和电感器的功能，将复杂电路集成在一个模块内，集成电路就诞生了，并统一称为集成电路模块，简称为集成块。本项目通过对集成块的认识和电路制作实验，全面了解集成块知识。

任务 6.1　音乐集成贺卡制作

使用音乐集成电路，通过简单的外接电路即可获得简单的乐曲、语音或是各种模拟的声响。音乐集成电路价格便宜，电路结构简单，工作稳定可靠，耗电少，因此，用途广泛；在音乐门铃、音乐贺年卡、音乐报时钟、电话振铃电路中都可见它的踪影。

音乐集成电路是一种大规模的 CMOS 集成电路。音乐集成电路内部结构大致如下。

振荡电路产生的信号供各电路使用；控制电路从存储器中读出代码，根据代码来控制节拍器和音调器协调工作，产生相应的音乐输出。

音乐集成电路一般采用“软封装”，也有的使用双列直插和单列直插封装，还有的做成晶体三极管外形，叫作“音乐三极管”。工作电压一般用 1.5~3V 直流电源。

输出常用压电陶瓷片作为电 - 声转换器件；也常用晶体三极管进行放大后送到扬声器放音，音质更好。

6.1.1　音乐集成贺卡积木拼装

祝你生日快乐可以做成音乐集成块，外面接几个器件就可奏出优美音乐，音乐集成贺卡积木拼装如图 6-1 所示，由音乐 IC（器件编号为 21）、光敏电阻（器件编号为 16）、红色发光二极管（器件编号为 17）、扬声器（器件编号为 20）和开关（器件编号为 15）等组成。电源采用两节 5 号电池。由于音乐集成电路的工作特点是不需要长期待机，因此本电路设电源开关。长期不用时，断开开关。

按图 6-1 拼装好电路后，当点亮生日蜡烛，出现光亮时，光敏电阻在光的照射下，启动电路工作，蜡烛烧完，无光，音乐停止。

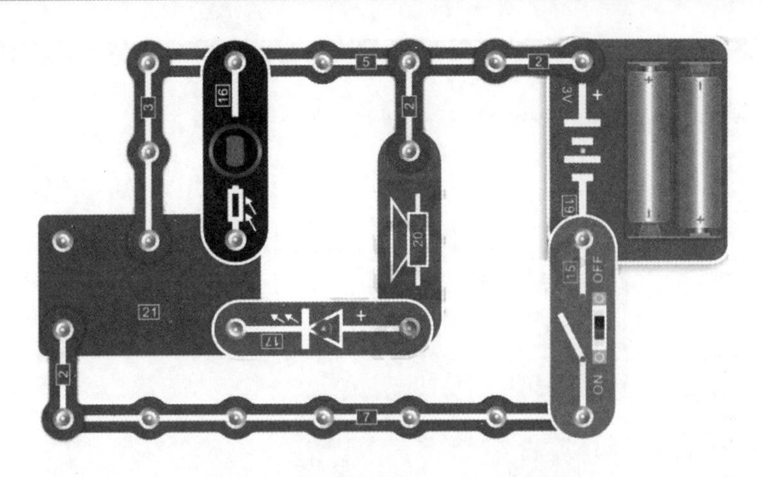

图 6-1　音乐集成贺卡积木拼装

6.1.2　音乐集成贺卡电路图制作

按照项目 1 的方法，进入工程设计总界面，单击“新建工程”按钮，按提示新建工程并命名为 6，保存工程。进入制作原理图窗口，开始制作原理图。

1. 放置器件

在原理图设计界面左边的竖立工具页标签中选择“常用库”标签，所有常用元器件出现在左边的窗口中，在窗口中选中常用器件后单击来放置元件。按 Esc 键退出放置状态，可进行下一个元器件的放置。可分别放置发光二极管 LED1、按钮开关 SW1 等器件。但是有些器件在常用库中没有，如音乐集成电路 U2、光敏二极管 LED2、扬声器 SPK1，这就要在器件库中搜索，方法是选择“放置 / 器件”菜单后弹出“器件”搜索窗口，如图 6-2 所示，在搜索栏中输入“音乐集成电路”，单击搜索栏右边的搜索按钮，所有音乐集成块出现在窗口中，若器件很多，就在右下角的页面显示栏中单击翻页，直到找到自己所需器件，单击“放置”按钮，器件就出现在工作界面中。可用同样的方法放置其他器件。

2. 放置导线

器件放置后再进行导线连接，放置导线时也可以用组合键 Alt+W，这样更方便。注意导线与折线的区别，折线是不导电的线，不能用于器件之间的连接线。

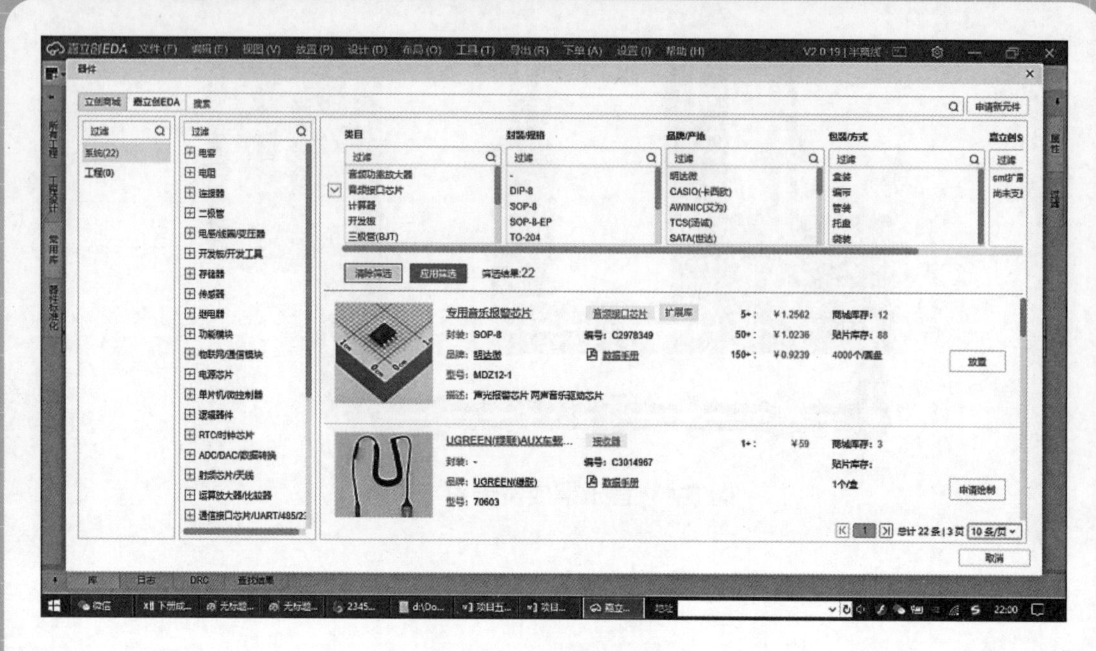

图 6-2　器件搜索窗口

3. 保存文件

原理图制作完成后，选择“文件”→“保存”命令，这样就保存好了文件，在原来 123 文件夹中会看到取名为 6 的文件。

经过以上绘制后一个音乐集成电路贺卡电路图就设计完成了，如图 6-3

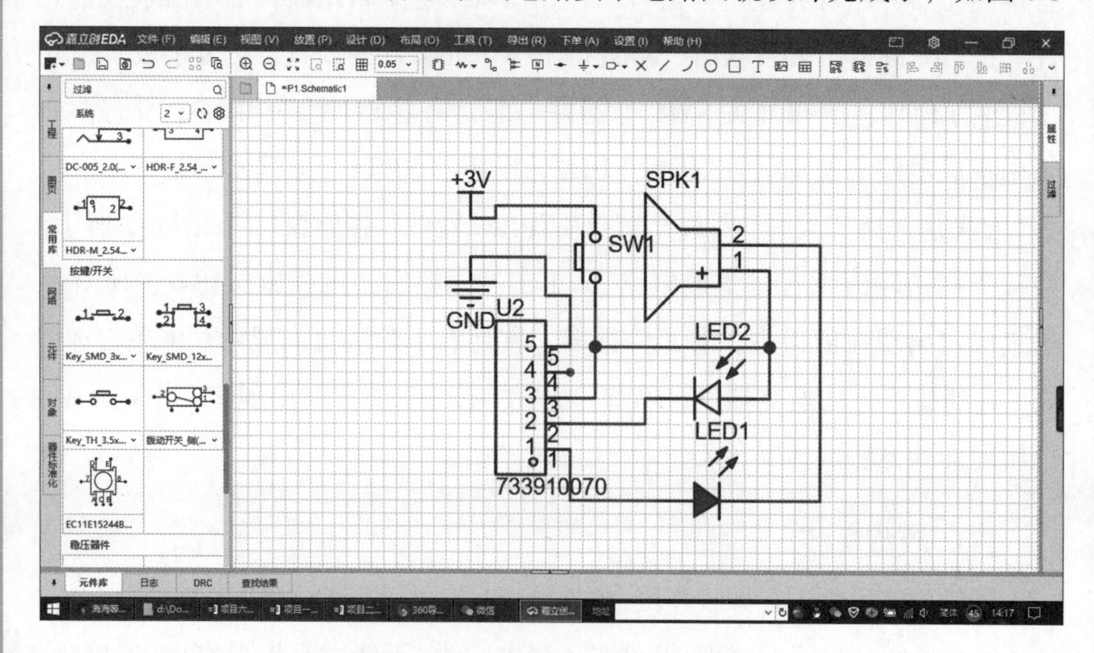

图 6-3　音乐集成电路贺卡电路图

所示。该电路的功能是按下按钮开关后放出优美的音乐。

任务 6.2　集成块知识

从一般意义上讲，集成块就是指集成电路，集成块是集成电路的实体，也是集成电路的通俗叫法。从字面意思来讲，集成电路是一种电路形式，而集成块则是集成电路的实物反映。

6.2.1　集成块的符号和外形

集成电路根据不同的功能分为模拟和数字两大派别，而具体功能更是数不胜数，其应用遍及人类生活的方方面面。下面具体介绍。

1. 集成块的符号

集成块有代数符号和图形符号，集成块的代数符号在电路中用字母 IC（也有用文字符号 N 等）表示。由于集成块种类很多，集成块电气图形符号没有统一标准，各生产厂家制作电气引脚图，部分集成块的图形符号如图 6-4 所示。

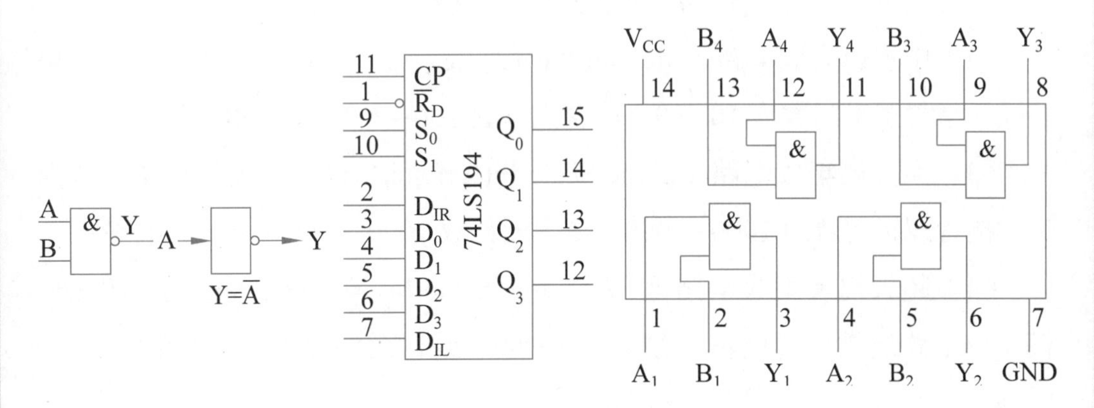

图 6-4　集成块图形符号

2. 集成块的外形

集成块的外形由封装决定，种类很多，常见的有双列直插封装（DIP）、塑料双列直插式封装（PDIP）、薄的缩小型小尺寸封装（TSSOP）、薄塑封四角扁平封装（TQFP），如图 6-5 所示。

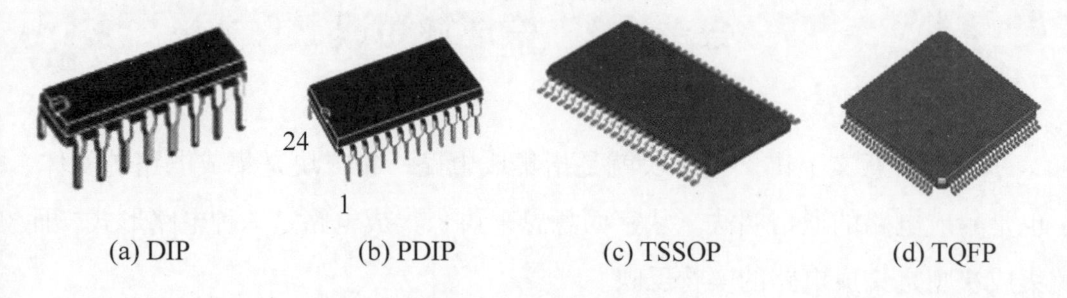

图 6-5　集成块外形

3. 集成块的种类

数字集成电路产品的种类很多。数字集成电路构成了各种逻辑电路，如各种门电路、编译码器、触发器、计数器、寄存器等。它们广泛地应用在生活中的方方面面，小至电子表，大至计算机，都是由数字集成电路构成的。数字集成电路有多种分类方法，根据集成电路规模的大小，数字集成电路通常分为小规模集成电路、中规模集成电路、大规模集成电路、超大规模集成电路、特大规模集成电路和巨大规模集成电路。

（1）小规模集成电路（Small Scale Integration，SSI）。小规模集成电路通常指含逻辑门个数小于 10（或含元件数小于 100 个）的电路。

（2）中规模集成电路（Medium Scale Integration，MSI）。中规模集成电路通常指含逻辑门数为 10~99（或含元件数 100~999 个）的电路。

（3）大规模集成电路（Large Scale Integration，LSI）。大规模集成电路通常指含逻辑门数为 1000~9999（或含元件数 1000~99999 个）的电路。

（4）超大规模集成电路（Very Large Scale Integration，VLSI）。超大规模集成电路通常指含逻辑门数大于 10000（或含元件数大于 100000 个）的电路。

（5）特大规模集成电路（Ultra Large Scale Integration，ULSI）。1993 年，随着集成了 1000 万个晶体管的 16MFLASH 和 256MDRAM 的研制成功，进入了特大规模集成电路时代。特大规模集成电路的集成组件数为 107~

109 个。

（6）巨大规模集成电路（Giga Scale Integration，GSI）。1994 年，集成 1 亿个元件的 1GDRAM 的研制成功，由此进入巨大规模集成电路 GSI 时代。巨大规模集成电路的集成组件数在 109 个以上。

6.2.2 集成块主要特性参数

集成电路各项参数一般对分析电路的工作原理作用不大，但对于电路的故障分析与检修却有不可忽视的作用。在维修实践中，绝大多数集成电路均无厂家提供的 IC 参数，但可通过网上搜索了解集成电路相关知识，以便开展检修工作。

1. 电参数

不同功能的集成电路，其电参数的项目各不相同，但多数集成电路均有最基本的几项参数（通常在典型直流工作电压下测量）。

（1）静态工作电流。静态工作电流是指集成电路信号在输入引脚不加输入信号的情况下，电源引脚回路中的直流电流，该参数对确认集成电路故障具有重要意义。

通常，集成电路的静态工作电流均给出典型值、最小值、最大值。如果集成电路的直流工作电压正常，且集成电路的接地引脚可靠接地，当测得集成电路静态电流大于最大值或小于最小值时，则说明集成电路发生故障。

（2）增益。增益是指集成电路内部放大器的放大能力，通常标出开环增益和闭环增益两项，也分别给出典型值、最小值、最大值 3 项指标。用常规检修手段（万用表）无法测量集成电路的增益，只有使用专门仪器才能测量。

（3）最大输出功率。最大输出功率是指输出信号的失真度为额定值时（通常为 10%），功放集成电路输出引脚所输出的电信号功率。

2. 极限参数

集成电路的极限参数主要有以下几项。

（1）最大电源电压。最大电源电压是指可以加在集成电路电源引脚与接地引脚之间直流工作电压的极限值，使用中不允许超过此值，否则将会永久性损坏集成电路。

（2）允许功耗。允许功耗是指集成电路所能承受的最大耗散功率，主要用于各类大功率集成电路。

（3）工作环境温度。工作环境温度是指集成电路能维持正常工作的最低和最高环境温度。

（4）储存温度。储存温度是指集成电路在储存状态下的最低和最高温度。

3. 故障表现

集成电路的故障主要有以下几种，其中第（1）、（2）项在检修中较常见。

（1）集成电路烧坏。通常由过电压或过电流引起。集成电路烧坏后，从外表一般看不出明显的痕迹。严重时，集成电路可能会有一个小洞或有一条裂纹之类的痕迹。集成电路烧坏后，某些引脚的直流工作电压也会明显变化，用常规方法检查能发现故障部位。集成电路烧坏是一种硬性故障，对这种故障的检修只有更换一种方法。

（2）引脚折断和虚焊。集成电路的引脚折断故障并不常见，造成集成电路引脚折断的原因往往是插拔集成电路不当所致。如果集成电路的引脚过细，维修中很容易扯断。另外，因摔落、进水或人为拉扯造成断脚、虚焊也是常见现象。

（3）增益严重下降。当集成电路增益下降较严重时，集成电路已基本丧失放大能力，需要更换。对于增益略有下降的集成电路，大多是集成电路的一种软故障，一般检测仪器很难发现，可用减小负反馈量的方法进行补救，这不仅有效，且操作简单。

当集成电路出现增益严重不足故障时，某些引脚的直流电压也会出现显著变化，采用常规检查方法就能发现。

（4）噪声大。集成电路出现噪声大故障时，虽能放大信号，但噪声也很大，结果使信噪比下降，影响信号的正常放大和处理。若噪声不明显，大多是集成电路的软故障，使用常规仪器检查相当困难。由于集成电路出现噪声大故障时，某些引脚的直流电压也会变化，所以采用常规检查方法即可发现故障部位。

（5）性能变劣。这是一种软故障，故障现象多种多样，且集成电路引脚直流电压的变化量一般很小，采用常规检查手段往往无法发现，只能采用替代检查法。

（6）内部局部电路损坏。当集成电路内部局部电路损坏时，相关引脚的直流电压会发生很大变化，检修中很容易发现故障部位。对这种故障，通常应更换。但对某些具体情况而言，可以用分立元器件代替内部损坏的局部电路，但这样的操作往往相当复杂。如果对电子基础知识掌握不深，就不可能完成。

4. 各类数字集成电路的性能

为了系统地掌握各类数字集成电路的主要性能，便于实际应用时选择合适的器件，现将各类数字电路的主要性能和特点进行比较，如表 6-1 所示。

表 6-1　各类数字电路的主要性能和特点

性 能 名 称	单位	LSTTL	ECL	PMOS	NMOS	CMOS
主要特点	—	高速低功耗	超高速	低速廉价	高集成度	微功耗高抗干扰
电源电压	V	5	−5.2	+20	12.5	3~8
单门平均延迟时间	ns	9.5	2	1000	100	50
单门静态功耗	mW	2	25	5	0.5	0.01
速度·功耗积（$S·P$）	PJ	19	50	100	10	0.5
直流噪声容限	V	0.4	0.145	2	1	电源的 40%
扇出能力		10~20	100	20	10	1000

下面对表 6-1 中所列的主要性能进行说明。

表 6-1 所列的各种技术数据均为一般产品的平均数据，与各公司生产的各品种的集成电路实际情况可能不完全相同。因而具体选用时，还需查询更详细的资料。

（1）电源电压。TTL 类型的标准工作电压都是 5V，其他逻辑器件的工作电压一般都有较宽的允许范围。特别是 MOS 器件，如 CMOS 中的 4000B 系列可以工作在 3~18V；PMOS 一般可工作在 10~24V；HCMOS 系列可工作在 2~6V。

另外，在使用各种器件组成系统时，要注意各种相互连接的器件必须使用同一电源电压，否则，就可能不满足 0、1（或 L、H）电平的定义范围，而造成工作异常。

（2）单门平均延迟时间。单门平均延时是指门传输延迟时间的平均值，它是衡量电路开关速度的一个动态参数，用以说明一个脉冲信号从输入端经过一个逻辑门，再从输出端输出要延迟多少时间。

（3）单门静态功耗。单门静态功耗是指单门的直流功耗，它是衡量一个电路质量好坏的重要参数。静态功耗等于工作电源电压及其泄漏电流的乘积，一般说静态功耗越小，电路的质量越好。由表 6-1 中可知，CMOS 电路静态功耗是极小的，因此对于一个由 CMOS 器件组成的工作系统来说，静态功耗与总功耗相比可以忽略不计。

（4）速度 · 功耗积（$S \cdot P$）。速度 · 功耗积（$S \cdot P$）也叫作时延 · 功耗积，它是衡量逻辑集成电路性能优劣的一个很重要的基本特征参数。不论何种数字集成电路，其平均延迟时间都要受到消耗功率的制约。一定形式的数字逻辑电路，其消耗功率的大小约反比于平均延时。

（5）直流噪声容限。直流噪声容限又称为抗干扰度，是度量逻辑电路在最坏工作条件下的抗干扰能力的直流电压指标。

（6）扇出能力。扇出能力也就是输出驱动能力，是反映电路带负载能力大小的一个重要参数，表示输出可以驱动同类型器件的数目。在微机系统的接口电路中，常用 CMOS（HCMOS）电路驱动 TTL 一类电路。表 6-2 给出了 CMOS 驱动 LS-TTL（其中 L 表示低功耗，S 表示肖特基技术）和 S-TTL 的输入端数目的比较。虽然直流也能驱动一个 S-TTL 的输入端，但由于 CMOS 的上升 / 下降延迟时间长，用于驱动 S-TTL 是不合适的。

表 6-2　CMOS 的驱动能力

接收端驱动源	型　号	LS-TTL	S-TTL
4000B 系列	4011B	1	0
	4049UB	8	1

续表

接收端驱动源	型　　号	LS-TTL	S-TTL
TC40H 系列 CC40H 系列	TC40H000 TC50H000	2 5	0 1
74HC 系列	74HC00	10	2
LS-TTL 系列	74LS00	20	4

从表 6-2 中可以看出，74HC 的驱动能力接近 LS-TTL，40H 系列的驱动能力较次。另外，ECL 电路的直流扇出能力也是比较大的，这是由于 ECL 电路的输入阻抗高，输出阻抗低所致。但是，ECL 电路的实际扇出能力还要受到交流因素的制约，一般来说，主要受容性负载的影响（ECL10K 系列每门输入电容约为 3pF），因为电路的交流性能与容性负载直接有关，容性负载越大，交流性能就越差。所以，在实际应用中，为了使电路获得良好的交流性能，一般希望将门的负载数（扇出数）控制在 10 以内。

5. 集成块标示方法

数字集成电路的型号组成一般由前缀、编号、后缀三大部分组成，前缀代表制造厂商，编号包括产品系列号、器件系列号，后缀一般表示温度等级、封装形式等。表 6-3 所示为 TTL74 系列数字集成电路型号的组成及符号的意义。

表 6-3　TTL74 系列数字集成电路型号的组成及符号的意义

<table>
<tr><th>第 1 部分</th><th colspan="2">第 2 部分</th><th colspan="2">第 3 部分</th><th colspan="2">第 4 部分</th><th colspan="2">第 5 部分</th></tr>
<tr><td rowspan="2">前缀</td><td colspan="2">产品系列</td><td colspan="2">器件类型</td><td colspan="2">器件功能</td><td colspan="2">器件封装形式、温度范围</td></tr>
<tr><td>符号</td><td>意义</td><td>符号</td><td>意义</td><td>符号</td><td>意义</td><td>符号</td><td>意义</td></tr>
<tr><td rowspan="6">代表制造厂商</td><td rowspan="3">54</td><td rowspan="3">军用电路</td><td></td><td>标准电路</td><td rowspan="6">阿拉伯数字</td><td rowspan="6">器件功能</td><td>W</td><td>陶瓷扁平</td></tr>
<tr><td>H</td><td>高速电路</td><td>B</td><td>塑封扁平</td></tr>
<tr><td>S</td><td>肖特基电路</td><td>F</td><td>全密封扁平</td></tr>
<tr><td rowspan="3">74</td><td rowspan="3">民用通用电路</td><td>LS</td><td>低功耗肖特基电路</td><td>D</td><td>陶瓷双列直插</td></tr>
<tr><td>ALS</td><td>先进低功耗肖特基电路</td><td>P</td><td>塑封双列直插</td></tr>
<tr><td>AS</td><td>先进肖特基电路</td><td></td><td></td></tr>
</table>

（1）TTL74 系列数字集成电路型号的组成及符号的意义。

（2）4000 系列 CMOS 器件型号的组成及符号的意义。

4000 系列 CMOS 器件型号的组成及符号的意义如表 6-4 所示。

表 6-4　4000 系列 CMOS 器件型号的组成及符号意义

<table>
<tr><th colspan="2">第 1 部分</th><th colspan="2">第 2 部分</th><th colspan="2">第 3 部分</th><th colspan="2">第 4 部分</th></tr>
<tr><td colspan="2" rowspan="2">型号前缀
（代表制造厂商）</td><td colspan="2">器件系列</td><td colspan="2">器件种类</td><td colspan="2">工作温度范围、封装形式</td></tr>
<tr><td>符号</td><td>意义</td><td>符号</td><td>意义</td><td>符号</td><td>意义</td></tr>
<tr><td>CD</td><td>美国无线电公司产品</td><td rowspan="2">40</td><td rowspan="4">产品系列号</td><td rowspan="4">阿拉伯数字</td><td rowspan="4">器件功能</td><td>C</td><td>0~70℃</td></tr>
<tr><td>CC</td><td>中国制造产品</td><td>E</td><td>−40~85℃</td></tr>
<tr><td>TC</td><td>日本东芝公司产品</td><td rowspan="2">45</td><td>R</td><td>−55~85℃</td></tr>
<tr><td>MC1</td><td>摩托罗拉公司产品</td><td>M</td><td>−55~125℃</td></tr>
</table>

同一型号的集成电路原理相同，通常冠以不同的前缀、后缀，前缀代表制造商（有部分型号省略了前缀），后缀代表器件工作温度范围或封装形式，由于制造厂商繁多，加之同一型号又分为不同的等级，因此，同一功能、同一型号的集成电路的名称的书写形式多样，如 CMOS 双 D 触发器 4013 有以下型号：CD4013AD、CD4013AE、CD4013CJ、CD4013CN、CD4013BD、CD4013BE、CD4013BF、CD4013UBD、CD4013UBE、CD4013BCJ、CD4013BCN、HFC4013、HFC4013BE、HCF4013BFH、CC4013BD、CC4013BF、HEF4013BD、HEF4013BDBP、HBC4013AD、HBC4013AE、HBC4013AF、HBC4013AK、SCL4013AD、SCL4013AE、SCL4013AC、SCL4013AF、MB84013M、MC14013CP、MC14013BCP、TC4013BP。一般情况下，这些型号之间可以彼此互换使用。

数字电路在结构上可分成 TTL 型和 CMOS 型两类。74LS/HC 等系列是最常见的 TTL 电路，它们使用 5V 的电压，逻辑 0 输出电压为小于或等于 0.2V，逻辑 1 输出电压约为 3V。CMOS 数字集成电路的工作电压范围宽，静态功耗低，抗干扰能力强，优点更多。数字集成电路有个特点，就是它们的供电引脚，如 16 脚的集成块，其第 8 脚是电源负极，第 16 脚是电源正极；14 脚的集成块，其第 7 脚是电源负极，第 14 脚是电源正极。

通常 CMOS 集成电路工作电压范围为 3~18V，因而不必像 TTL 集成电路那样要用标准的 5V 电压。CMOS 集成电路的输入阻抗很高，这意味着驱动 CMOS 集成电路时所消耗的驱动功率几乎可以不计。同时，CMOS 集成电路的耗电非常少，用 CMOS 集成电路制作的电子产品，通常都可以用干电池供电。

CMOS 集成电路的输出电流不是很大，大概为 10mA，但是在一般的电子制作中，驱动一个 LED 发光二极管还是没有问题的。此外，CMOS 集成电路的抗干扰能力较强，即噪声容限较大，且电源电压越高，抗干扰能力越强。

电子制作中常用的数字集成电路有 4001、4011、4013、4017、4040、4052、4060、4066 等型号，建议多买些备用。市场上的数字集成电路进口的较多，产品型号的前缀代表生产公司，常见的有 MC1XXXX（摩托罗拉）、CDXXXX（美国无线电 RCA）、HEFXXXX（飞利浦）、TCXXXX（东芝）、HCXXXX（日立）等。一般来说，只要型号相同，不同公司的产品可以互换。

需要注意的是，CMOS 集成电路容易被静电击穿，因此需要妥善保存。一般要放在防静电原包装条中，或用锡箔纸包好。另外在焊接的时候，要用接地良好的电烙铁焊，或者拔掉插头，利用余热焊接。现在的 CMOS 集成电路因为改进了生产工艺，防静电能力有很大提高，不用 CMOS 集成电路防静电也行。

任务 6.3　总结及评价

先分组进行总结，分别说出制作过程及体会，写出书面总结。再互相检查制作结果，集体给每一位同学打分。

1. 任务完成大调查

任务完成后，还要进行总结和讨论，教学时可用表 1-5 所示打分表来进行自我评价。

2. 行为考核指标

行为考核指标，主要采用批评与自我批评、自育与互育相结合的方法。

采用自我考核和小组考核后班级评定的方法。班级每周进行一次民主生活会，就行为指标进行评议，教学时可用表 1-6 所示评分表来进行自我评价。

3. 集体讨论题

上网查找音乐芯片的使用方法，并进行思维导图式讨论。

4. 思考与练习

（1）了解音乐芯片的种类，研究其规律。

（2）思考各种音乐芯片有何区别。

项目7 手 电 筒

同学们熟悉日常生活中使用的手电筒的吗？手电筒里的灯泡是如何发光的？是否可以调节它的亮度呢？带着这些疑问，今天一起来学习关于手电筒的知识。本项目通过对手电筒的认识和电路制作实验，全面了解手电筒知识。

任务 7.1　手电筒制作

爱迪生发明灯泡，伏特发明电池，从而有了真正意义上的手电筒。但其灯泡发光性能却十分不稳定，时明时暗，故名 Flashlight。直到 20 世纪 60 年代后期，随着碱性电池的出现，手电筒的“照明功能”才算完成。

7.1.1　手电筒积木拼装

手电筒电路由 2.5V 灯泡（器件编号为 18）和开关（器件编号为 15）等组成。电源采用两节 5 号电池。由于手电筒的工作特点是不需要长期待机，因此本电路设电源开关。长期不用时，断开开关。

利用电子积木搭建手电筒电路如图 7-1 所示。电池、灯泡、导线、开关都有对应的部分。当开关拨到右边 OFF 挡位时，开关断开，灯泡不发光；当开关拨到左边 ON 挡位时，开关闭合，灯泡发光。

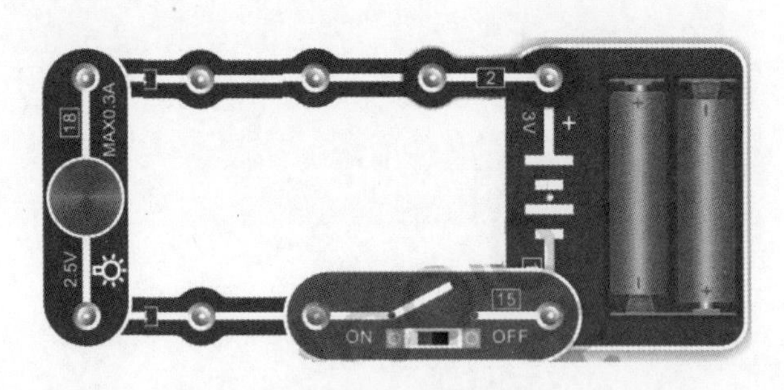

图 7-1　手电筒电路

7.1.2　手电筒电路图制作

按照项目 1 的方法，进入工程设计总界面，单击“新建工程”按钮，按提示新建工程，命名为 7 并保存新工程。进入制作原理图窗口，开始制作原理图。

1. 放置器件

在原理图设计界面左边的竖立工具页标签中选择“常用库”标签，所有常用元器件出现在左边的窗口中，在窗口中选中 LED1 和按钮开关 SW1，放置器件。按 Esc 键退出放置状态，可进行下一个元器件放置。

放置电源和地的方法如下。单击工具栏中 VCC▾ 图标后单击右边的倒三角符号，在下拉工具条中选中电源正极或者地，放入工作界面中。选择“放置”→“网络标识”命令会出现相同的工具条。

删除器件的方法如下。单击要删除的器件，器件变色，表明选中，右击，出现浮动菜单，选择“删除”命令，该器件就删除完成。也可以选中器件后按 Delete 键删除器件。

2. 放置导线

器件放置后再进行导线连接，下面介绍用字母放置导线的方法。在工程设计界面中，按 P 和 W 键，此时鼠标位置出现一个十字线，随着鼠标移动，进入放线状态，可以放置导线。

3. 保存文件

原理图制作完成后，选择“文件”→“保存”命令就保存好了文件，在原来 123 文件夹中，会看到取名为 7 的文件。

经过以上绘制后，一个手电筒电路图设计完成，如图 7-2 所示。该电路

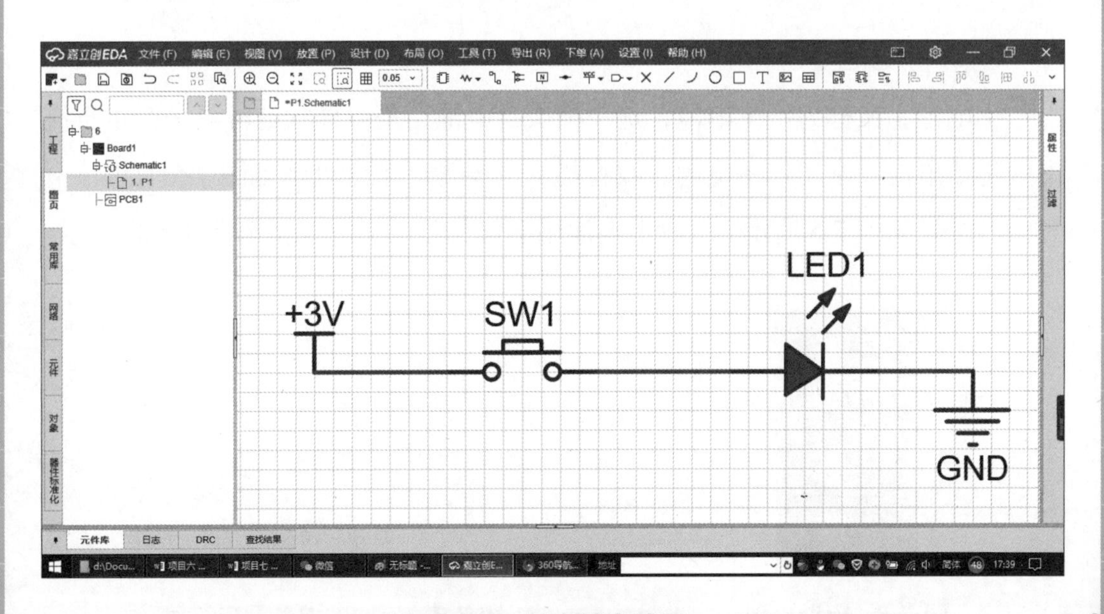

图 7-2　手电筒电路图

的功能是接入一个按钮和一个灯泡（注意灯泡不要接反方向），拼接好后，按一下按钮，灯泡会亮。

任务 7.2　手电筒知识

拆解一个手电筒，看看它由哪些部分构成。手电筒外形如图 7-3 所示。手电筒结构主要由外壳、干电池、反光杯、小灯泡及按钮开关等部件构成，如图 7-4 所示。

图 7-3　手电筒外形

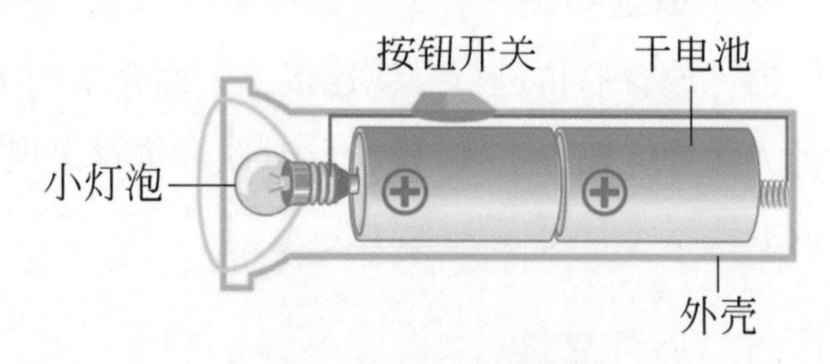

图 7-4　手电筒结构图

手电筒发光原理：按下按钮开关，干电池通过电池底座弹簧、导线以及接通的按钮开关连接到小灯泡，小灯泡就发光。下面分别认识这些器件。

1. 干电池

干电池，又称为一次电池，是一种伏打电池，是以糊状电解液来产生直流电的化学电池，常用作手电筒、收音机等的电源。电池外形如图 7-5 所示，电气图形符号如图 7-6 所示，一般干电池用字母符号 E 表示，蓄电池用 GB 表示。

图 7-5　电池外形

负极　正极

图 7-6　电池的电气图形符号

干电池有两个极，戴有“帽子”的一端是电池的正极，平滑的一端是电池的负极。

2. 小灯泡

小灯泡种类很多，手电筒的小灯泡外形如图 7-7 所示，图形符号如图 7-8 所示。小灯泡由 5 部分组成，各部名称是玻璃泡、金属灯头、钨丝、螺口与灯座。

（1）玻璃泡：防止氧化保护灯丝，延长灯丝寿命。

（2）金属灯头：固定和提高灯丝的工作强度。

（3）钨丝：起发光发热的作用。

（4）螺口：有安装和固定灯泡的作用。

（5）灯座：是使灯触点与电源相连接的器件。

图 7-7　小灯泡外形

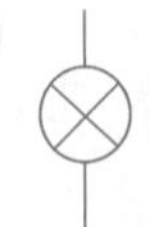

图 7-8　小灯泡图形符号

用字母 E 表示爱迪生螺纹的螺旋灯座或灯头，E 后的数字表示灯座螺纹外径的整数值，单位是 mm。电工学中也用 HL 表示指示灯。

3. 按钮

按钮是一种常用的控制电器元件，常用来接通或断开“控制电路”（其中电流很小），从而达到控制电动机或其他电气设备运行目的。按钮由按键、动作触头、复位弹簧、按钮盒组成，是一种电气主控元件，电气代数符号为 SB，外观图如图 7-9 所示，电气图形符号如图 7-10~ 图 7-12 所示，图 7-10 为常开按钮，图 7-11 为常闭按钮，图 7-12 为常开常闭双联按钮。按下去，按钮的两个引脚就导通了，按起来，两个引脚就断开了。

图 7-9　按钮外观　图 7-10　常开按钮　图 7-11　常闭按钮　图 7-12　常开常闭双联按钮

任务 7.3　总结及评价

先分组进行总结，分别说出制作过程及体会，写出书面总结。再互相检查制作结果，集体给每一位同学打分。

1. 任务完成大调查

任务完成后，还要进行总结和讨论，教学时可用表 1-5 所示打分表来进行自我评价。

2. 行为考核指标

行为考核指标，主要采用批评与自我批评、自育与互育相结合的方法。采用自我考核和小组考核后班级评定的方法。班级每周进行一次民主生活会，就行为指标进行评议，教学时可用表 1-6 所示评分表来进行自我评价。

3. 集体讨论题

上网搜索手电筒的基本结构，并进行思维导图式讨论。

4. 思考与练习

（1）自己搜索手电筒的种类，研究其规律。

（2）了解各种手电筒技术。

项目8　手持直流电扇

同学们熟悉日常生活中使用的手持直流电扇吗？电扇里的电机是如何转动的，是否可以调节它的转速呢？带着这些疑问，今天来学习关于电扇的知识。本项目通过对电扇的认识和电路制作实验，全面了解电扇知识。

任务 8.1　手持直流电扇制作

手持直流风扇最大的特点是设计美观，精致小巧，随处可放，方便携带。其机身虽小，却配备 7 片扇叶和直流无刷电机，风量大，噪声小。

8.1.1　手持直流电扇积木拼装

手持直流电扇积木拼装图如图 8-1 所示，由电机（器件编号为 24 号），开关（器件编号为 15 号）等组成。电源采用两节 5 号电池。由于手持直流电扇的工作特点是不需要长期待机，因此本电路设电源开关。长期不用时，断开开关。

在图 8-1 中，电池、灯泡、导线、开关都一一安装好。当开关拨到右边 OFF 挡位时，开关断开，电扇不旋转，当开关拨到左边 ON 挡位时，开关接通，电扇转动。

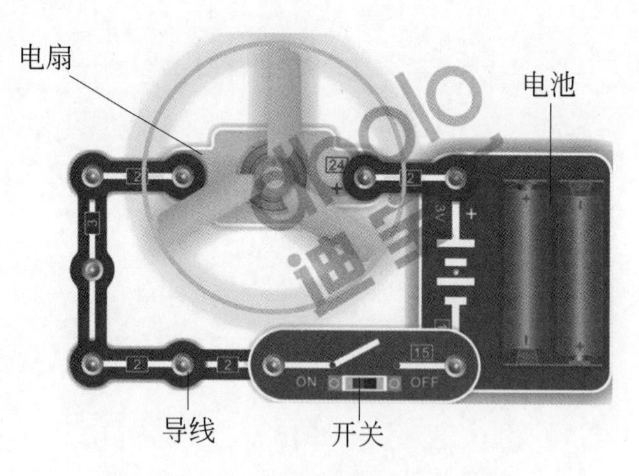

图 8-1　手持直流电扇积木拼装图

8.1.2　手持直流电扇电路图制作

进入工程设计总界面，单击“新建工程”按钮，按提示新建工程，命名为 8 并保存新工程。进入制作原理图窗口，开始制作原理图。

1. 放置器件

在原理图设计界面左边的竖立工具页标签中选择“常用库”标签，可放置按钮开关 SW1、电源和 GND 等器件。电机在常用库中没有，可以在搜索栏中输入“直流电机”,选择直流电机符号,放入制作界面中。搜索有多种方法，一是工具条方法，单击图标即可；二是主菜单方法；三是快捷键方法（按 Shift+F 组合键）。

2. 放置导线

器件放置后再进行导线连接，放置导线的方法有多种，一是工具条方法，单击图标；二是主菜单方法；三是字母方法，按 P+W 键；四是快捷键方法（按 Alt+W 组合键）。

3. 保存文件

原理图制作完成后，选择“文件”→“保存”命令，这样就保存好了文件，在原来 123 文件夹中会看到取名为 8 的文件。保存指令有多种方法，一是工具条方法,单击图标；二是主菜单方法；三是快捷键方法（按 Ctrl+S 组合键）。

经过以上绘制后，一个电扇电路图设计完成，如图 8-2 所示。该电路的功能是给一个电机接入一个按钮和一个电源。拼接好后，按一下按钮，电机转动，松开按钮，电机不转动。按钮可带自锁结构，电机可长时间转动。

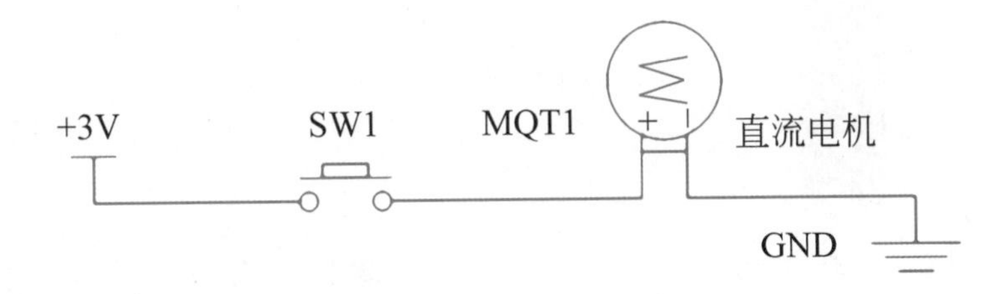

图 8-2　电扇电路图

任务 8.2　认 识 电 扇

拆解一个手持直流电扇，看看它由哪些部分构成。电扇外形如图 8-3 所

示。电扇结构主要由扇头（电机）、风叶、网罩、可充电电池和控制装置等部件组成，如图 8-4 所示。

图 8-3　电扇

图 8-4　电扇结构图

电扇转动原理：按下按钮，电池通过电池底座弹簧、导线以及接通的按钮开关连接到小电机，小电机就旋转，带动扇叶转动。下面分别认识这些器件。

1. 可充电电池

锂离子电池是一种可充电电池，主要依靠锂离子在正极和负极之间移动来工作，常用作电扇、收音机等的电源，外形如图 8-5 所示，电气图形符号如图 8-6 所示。一般干电池用字母符号 E 表示，蓄电池用 GB 表示。

图 8-5　电池外形

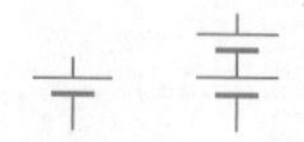

图 8-6　电池电气图形符号

干电池有两个极，戴有“帽子”的一端是电池的正极，平滑的一端是电池的负极。

2. 小直流电机

小直流电机由定子和转子两大部分组成。小直流电机外形及图形符号如

图 8-7 和图 8-8 所示。

图 8-7 小直流电机外形

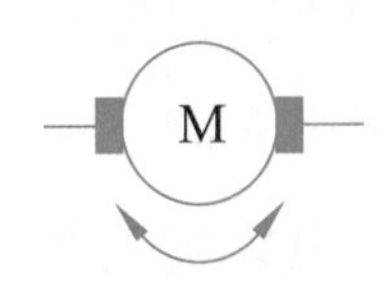

图 8-8 小直流电机图形符号

3. 开关

开关是一种常用的控制电器元件，常用来接通或断开“控制电路”，从而达到控制电动机或其他电气设备运行的目的。绝大多数开关是由外壳、绝缘片、手柄、触点、引线装置、复位弹簧（自锁装置）、紧固件组成的。其中外壳、绝缘片用 ABS 工程塑料、绝缘胶木注压成型；手柄、复位弹簧、紧固件是用金属加工而成的；引线装置的材料大都采用铜合金；开关用的触点等一般采用银铜合金或纯银。其电气代数符号 SB，外观如图 8-9 所示，电气图形符号如图 8-10 和图 8-11 所示，其中图 8-10 为常开开关，图 8-11 为双联开关。

图 8-9 开关外形

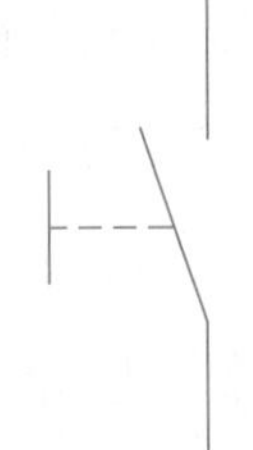

图 8-10 常开开关

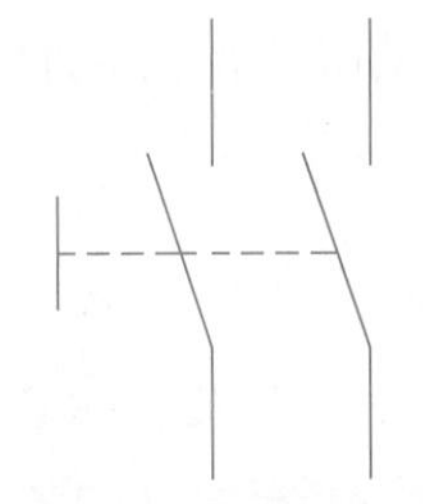

图 8-11 双联开关

当开关拨向 ON 时，开关的两个引脚就导通；拨向 OFF 时，两个引脚就断开。

4. 工作原理

电风扇的工作原理是通电线圈在磁场中受力而转动，电能转换为机械能。同时由于线圈电阻，不可避免地有一部分电能要转换为热能。此外，直流电机、直流无刷电机等小功率电机在小型电扇中的应用越来越广泛。

电风扇工作时（假设房间与外界没有热传递），室内的温度不仅没有降低，反而会升高。接下来分析温度升高的原因。电风扇工作时，由于有电流通过电风扇的线圈，导线是有电阻的，所以会不可避免地产生热量并向外放热，温度自然会升高。但人们为什么会感觉到凉爽呢？因为人体的体表有大量的汗液，当电风扇工作起来以后，室内的空气会流动起来，能够促进汗液的快速蒸发，结合“蒸发需要吸收大量的热量”，所以人们会感觉到凉爽。

散热风扇从电源类型来分，可分为直流风扇和交流风扇两大类，然而从物理组成来看，直流风扇与交流风扇有着相同的基本组成结构，即扇叶、转子、定子、扇框和轴承系统。

（1）扇叶。扇叶是产生风的主要部件，设计时要考虑叶片倾角、叶片数目、叶片弧度、主轴直径、扇叶平衡等问题。

叶片倾角：倾角越大，叶片上下表面间压力差越大，相同转速下风压越大。

叶片数目：直流风扇和交流风扇的叶片数目多数是 7、9、11 等奇数，若采用偶数扇叶，很容易使系统发生共振，可能会使叶片或轴心发生断裂。

叶片弧度：向着旋转方向略有弯曲，呈一定弧度，可保证吹出气流集中在出风口正前方的柱状空间内，增加送风距离与风压。

主轴直径：由于电机与轴承的存在，直流风扇和交流风扇主轴所在的中心部分难免存在无气流通过的盲区，主轴直径便决定着此盲区的大小。

扇叶平衡：当直流风扇和交流风扇扇叶的物理质心与轴心不在同一轴上，扇叶在运转时会造成扇叶的不平衡，导致震动。

（2）转子。包括扇叶、轴心、磁环、磁环外框及油圈。

（3）定子。包括电机、外框、轴承、扣环等。

（4）扇框。扇框可以对扇叶所带动的气流进行“约束”，控制其流出方向，抑制反激与散射，令其集中于所希望的送风方向。采用的材料与结构需具有一定的强度，可以在一定程度内承受物理冲击，保护扇叶、电机等较脆弱的组件。

（5）轴承系统。轴承作为直流风扇和交流风扇寿命的瓶颈因素，同时也对风扇的工作噪声、制造成本有着重要的影响。直流风扇和交流风扇的轴承系统可分为滚珠轴承（又分单滚珠轴承和双滚珠轴承）、含油轴承、陶瓷轴承、液压来福轴承。

任务 8.3 总结及评价

先分组进行总结，分别说出制作过程及体会，写出书面总结。再互相检查制作结果，集体给每一位同学打分。

1. 任务完成大调查

任务完成后，还要进行总结和讨论，教学时可用表 1-5 所示打分表来进行自我评价。

2. 行为考核指标

行为考核指标，主要采用批评与自我批评、自育与互育相结合的方法。采用自我考核和小组考核后班级评定的方法。班级每周进行一次民主生活会，就自己的行为指标进行评议，教学时可用表 1-6 所示评分表来进行自我评价。

3. 集体讨论题

上网搜索电风扇的结构，并进行思维导图式讨论。

4. 思考与练习

（1）自己掌握电风扇的使用方法，研究其规律。

（2）了解各种风扇器件。

项目9　三个基本门电路

日常生活中常见到一盏灯用两个开关来控制的情况，例如，二楼楼梯转弯处安装电灯，一楼安装一个开关，二楼安装一个开关，在一楼上楼梯时打开电灯，上到二楼时关掉电灯。这种情况上升到理论就成为数字电路的基本门电路，常用的基本门电路有3个，即非门、与门和或门，下面学习相关知识。

任务 9.1　非 门 电 路

日常生活中的简单电路可称为数字电路，用数字信号完成对数字量进行算术运算和逻辑运算的电路称为数字电路，或数字系统。由于它具有逻辑运算和逻辑处理功能，所以又称为数字逻辑电路。现代的数字电路由半导体工艺制成的若干数字集成器件构造而成。逻辑门是数字逻辑电路的基本单元。存储器是用来存储二进制数据的数字电路。从整体上看，数字电路可以分为组合逻辑电路和时序逻辑电路两大类。

9.1.1　非门电路积木拼装

利用电子积木搭建非门电路拼装图，如图 9-1 所示。电池、二极管、100Ω 电阻、导线、开关照图拼装好电路，然后进行如下操作。操作 1，开关拨到 OFF 挡位，即开关断开，此时二极管亮。操作 2，开关拨到 ON 挡位，即开关接通，此时二极管不亮。

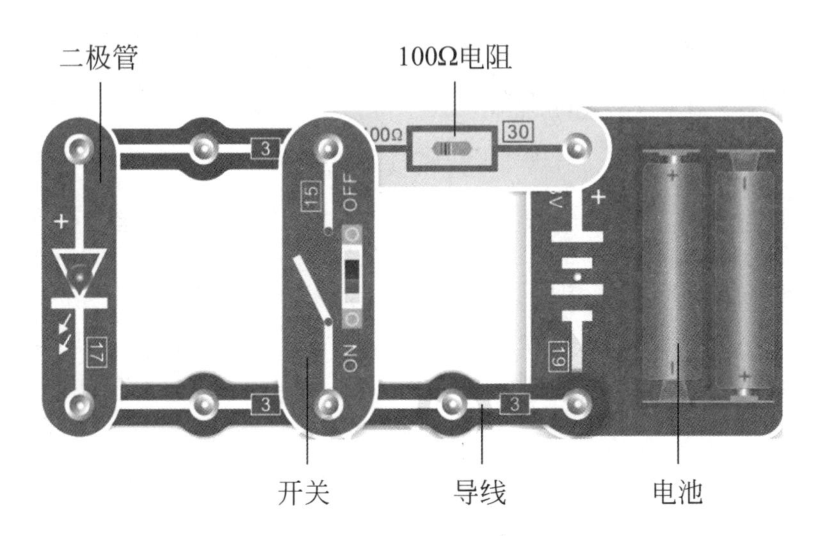

图 9-1　非门电路拼装图

将以上操作及观察到的结果填入表 9-1 中。利用正逻辑方法定义开关合上为 1，断开为 0，并将开关作为输入端；二极管亮为 1，不亮为 0，并将二极管作为输出端，这样表 9-1 的逻辑关系可写为表 9-2 的形式。表 9-2 为非门的逻辑关系。

表 9-1　实验记录

操作	开关	二极管
操作 1	断	亮
操作 2	合	不亮

表 9-2　非门的逻辑关系

操作	输入	输出
操作 1	0	1
操作 2	1	0

9.1.2　非门电路图制作

打开软件，进入工程设计总界面，单击“新建工程”按钮，按提示新建工程，命名为 9 并保存新工程。进入制作原理图窗口，开始制作原理图。

1. 放置器件

在原理图设计界面左边的竖立工具页标签中选择“常用库”标签，所有常用元器件出现在左边的窗口中，可放置常用器件，如发光二极管 LED1、电阻 R1、按钮开关 SW1。开关 SW2 要采用搜索的方法放置。放置器件后连接导线，完成原理图制作，如图 9-2 所示。

放置器件前呈浮动状态，如图 9-2（a）所示，该器件随着光标移动，当放置后出现图 9-2(b)所示的状态。器件标号 R1 和器件数值 10kΩ 可以修改，修改方法是，选中器件，出现如图 9-2（c）所示的状态，在此状态下，双击数值 10kΩ 将弹出文本框，如图 9-2（d）所示，可在文本框中重新输入字母或者汉字。

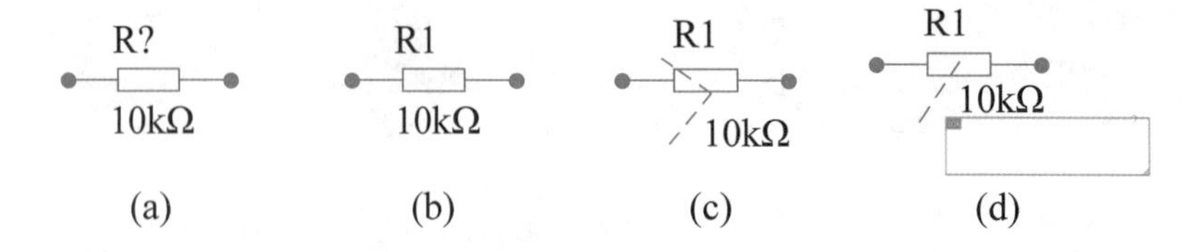

图 9-2　修改器件参数

2. 保存文件

原理图制作完成后，选择“文件”→“保存”命令，这样就保存好了文件，在原来 123 文件夹中，会看到取名为 9 的文件。

经过以上绘制后，一个非门电路图设计完成，如图 9-3 所示。该电路的功能是实现非门电路演示。拼装好电路后，合上开关 SW2，进行上述操作，并验证表 9-1 是否正确。

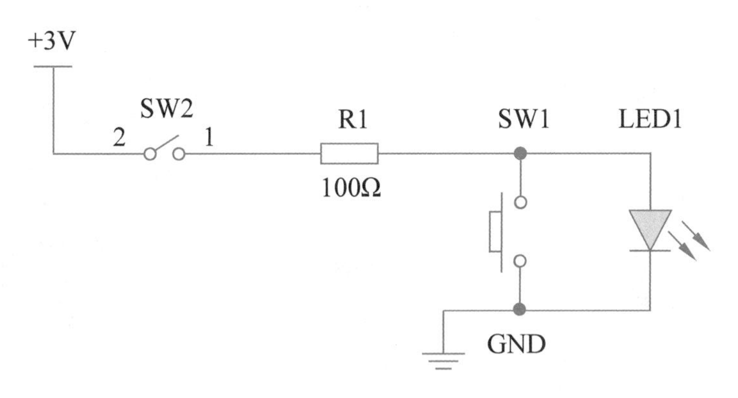

图 9-3　非门电路图

任务 9.2　与 门 电 路

按钮开关串联后控制二极管亮或暗的电路称为与门电路。与门（AND gate）又称为“与电路”、逻辑“积”电路、逻辑“与”电路，是执行“与”运算的基本逻辑门电路，有多个输入端，一个输出端。当所有的输入同时为高电平（逻辑 1）时，输出才为高电平，否则输出为低电平（逻辑 0）。该电路为基本门电路之一。

9.2.1　与门电路积木拼装

利用电子积木搭建与门电路拼装图，如图 9-4 所示。电池、二极管、100Ω 电阻、导线、开关照图拼装好电路，然后进行如下操作。操作 1，开关拨到右边 OFF 挡位，即开关断开，按钮不按，此时按钮断开，二极管不亮。操作 2，开关拨到右边 OFF 挡位，即开关断开，按钮按下，此时按钮接通，二极管不亮。操作 3，开关拨到左边 ON 挡位，即开关接通，按钮不按，此时按钮断开，二极管不亮。操作 4，开关拨到左边 ON 挡位，即开关接通，按钮按下，此时按钮接通，二极管亮。

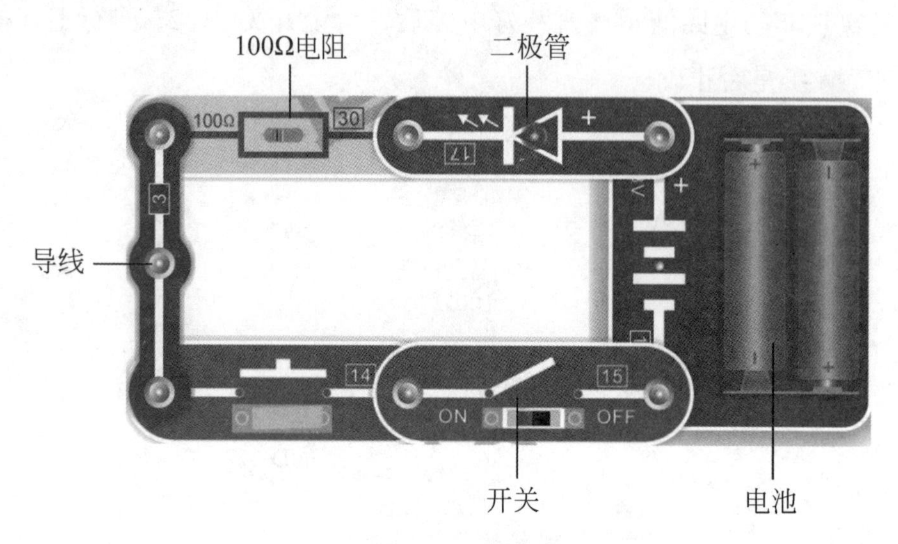

图 9-4　电扇

将以上操作及观察到的结果填入表 9-3 中。利用正逻辑方法定义开关合上为 1，断开为 0，并将开关作为输入端；二极管亮为 1，不亮为 0，并将二极管作为输出端，这样表 9-3 的逻辑关系可写为表 9-4 的形式。表 9-4 为非门的逻辑关系。

表 9-3　实验记录

操作	开关	按钮	二极管
操作 1	断	断	不亮
操作 2	断	合	不亮
操作 3	合	断	不亮
操作 4	合	合	亮

表 9-4　非门的逻辑关系

操作	输入		输出
操作 1	0	0	0
操作 2	0	1	0
操作 3	1	0	0
操作 4	1	1	1

9.2.2　与门电路图制作

可按照任务 9.1 介绍的方法绘制与门电路图，此处不再赘述。

经过绘制后，一个简单与门电路图设计完成，如图 9-5 所示。该电路的功能是验证与门功能的电路。

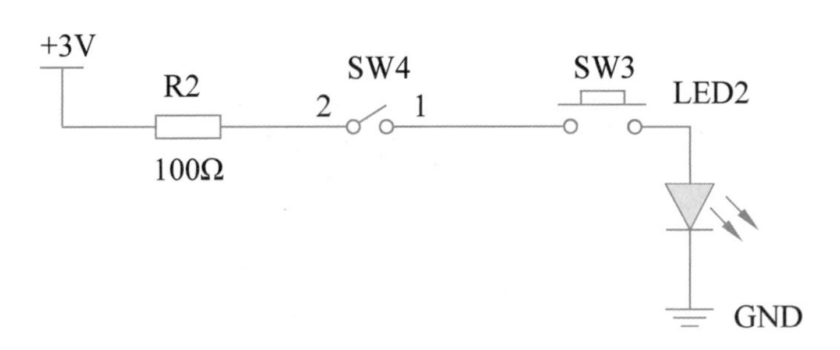

图 9-5　与门电路图

任务 9.3　或 门 电 路

按钮开关并联后控制二极管亮或暗的电路称为或门电路。或门（OR gate），又称为或电路、逻辑和电路。如果在几个条件中，只要有一个条件得到满足，某事件就会发生，这种关系叫作“或”逻辑关系。具有“或”逻辑关系的电路叫作或门。或门有多个输入端，一个输出端，只要输入中有一个为高电平（逻辑 1），输出就为高电平（逻辑 1）；只有当所有的输入全为低电平（逻辑 0）时，输出才为低电平（逻辑 0）。

9.3.1　或门电路积木拼装

利用电子积木搭建非门电路拼装图，如图 9-6 所示。电池、二极管、100Ω 电阻、导线、开关照图拼装好电路，然后进行如下操作。操作 1，开关拨到 OFF 挡位，即开关断开，按钮不按，此时按钮断开，二极管不亮。操作 2，开关拨到 OFF 挡位，即开关断开，按钮按下，此时按钮接通，二极管亮。操作 3，开关拨到 ON 挡位，即开关接通，按钮不按，此时按钮断开，二极管亮。操作 4，开关拨到 ON 挡位，即开关接通，按钮按下，此时按钮接通，二极管亮。

将以上操作及观察到的结果填入表 9-5 中。利用正逻辑方法定义开关合上为 1，断开为 0，并将开关作为输入端；二极管亮为 1，不亮为 0，并将二极管作为输出端，这样表 9-5 的逻辑关系可写为表 9-6 的形式。表 9-6 为或门的逻辑关系。

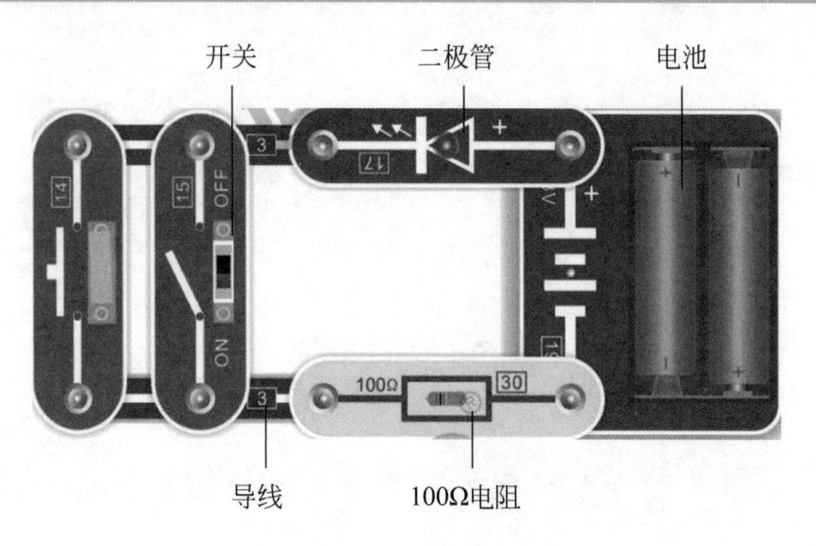

图 9-6　或门电路积木拼装

表 9-5　实验记录

操作	开关	按钮	二极管
操作 1	断	断	不亮
操作 2	断	合	亮
操作 3	合	断	亮
操作 4	合	合	亮

表 9-6　或门的逻辑关系

操作	输　入		输出
操作 1	0	0	0
操作 2	0	1	1
操作 3	1	0	1
操作 4	1	1	1

9.3.2　或门电路图制作

可按照任务 9.1 介绍的方法绘制或门电路图，此处不再赘述。

经过绘制后，一个或门电路图设计完成，如图 9-7 所示。该电路的功能是验证或门电路功能。

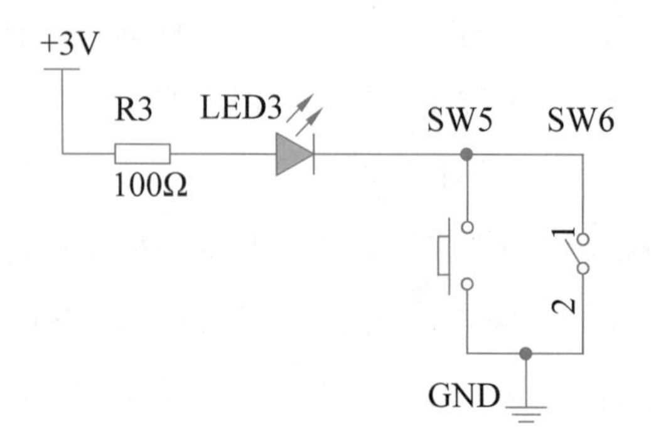

图 9-7　或门电路图

任务 9.4　总结及评价

先分组进行总结，分别说出制作过程及体会，写出书面总结。再互相检查制作结果，集体给每一位同学打分。

1. 任务完成大调查

任务完成后，还要进行总结和讨论，教学时可用表 1-5 所示打分表来进行自我评价。

2. 行为考核指标

行为考核指标，主要采用批评与自我批评、自育与互育相结合的方法。采用自我考核和小组考核后班级评定的方法。班级每周进行一次民主生活会，就行为指标进行评议，教学时可用表 1-6 所示评分表来进行自我评价。

3. 集体讨论题

上网搜索门电路种类，并进行思维导图式讨论。

4. 思考与练习

（1）全面叙述门电路的基本使用方法，研究其规律。

（2）思考自学的一般方法。

项目 10　组合门电路

有了三个基本门电路后，即可组合成各种常用门电路，如与门和非门组合就为与非门电路，或门和非门组合就为或非门电路。下面学习相关的知识。

任务 10.1　与非门电路

与非门（NAND gate）是数字电路的一种基本逻辑电路，是与门和非门的叠加，有多个输入和一个输出。若输入均为高电平 1，则输出为低电平 0；若输入中至少有一个为低电平 0，则输出为高电平 1。

10.1.1　与非门电路积木拼装

利用电子积木搭建与非门电路拼装图，如图 10-1 所示。电池、二极管、100Ω 电阻、导线、开关照图拼装好电路，然后进行如下操作。操作 1，开关拨到 OFF 挡位，即开关断开，按钮不按，此时按钮断开，二极管亮。操作 2，开关拨到 OFF 挡位，即开关断开，按钮按下，此时按钮接通，二极管亮。操作 3，开关拨到 ON 挡位，即开关接通，按钮不按，此时按钮断开，二极管亮。操作 4，开关拨到 ON 挡位，即开关接通，按钮按下，此时按钮接通，二极管不亮。

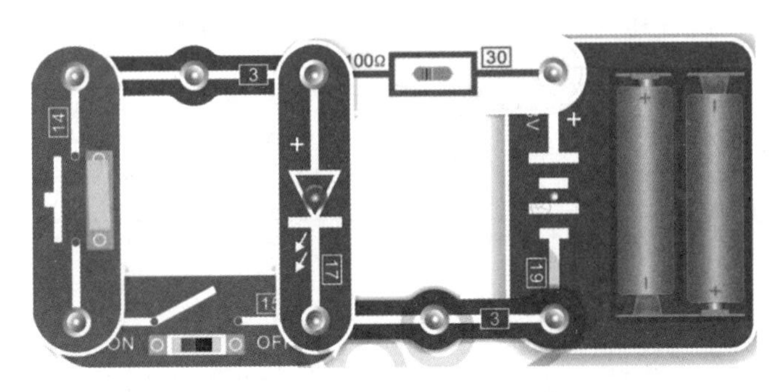

图 10-1　与非门电路拼装图

将以上操作及观察到的结果填入表 10-1 中。利用正逻辑方法定义开关合上为 1，断开为 0，并将开关作为输入端；二极管亮为 1，不亮为 0，并将二极管作为输出端，这样表 10-1 的逻辑关系可写为表 10-2 的形式。表 10-2 为与非门的逻辑关系。

表 10-1　实验记录

操作	开关	按钮	二极管
操作 1	断	断	亮
操作 2	断	合	亮
操作 3	合	断	亮
操作 4	合	合	不亮

表 10-2　与非门的逻辑关系

操作	输　入		输出
操作 1	0	0	1
操作 2	0	1	1
操作 3	1	0	1
操作 4	1	1	0

10.1.2　与非门电路图制作

打开软件，进入工程设计总界面，单击“新建工程”按钮，按提示新建工程，命名为 10 后保存新工程。进入制作原理图窗口，开始制作原理图。

1. 放置器件

在原理图设计界面左边的竖立工具页标签中选择“常用库”标签，所有常用元器件出现在左边的窗口中，如发光二极管 LED2、电阻 R2、按键 SW3。开关 SW4 要采用搜索的方法放置。放置器件后连接导线，完成原理图制作。

在图中可放置文字，通过选择“放置 / 文本”命令，弹出“文本”对话框，如图 10-2 所示。在文本框中输入字母或者汉字，单击“放置”按钮，文字就放置在图中了。双击文本框后会出现“文本”对话框，可在框中修改文字

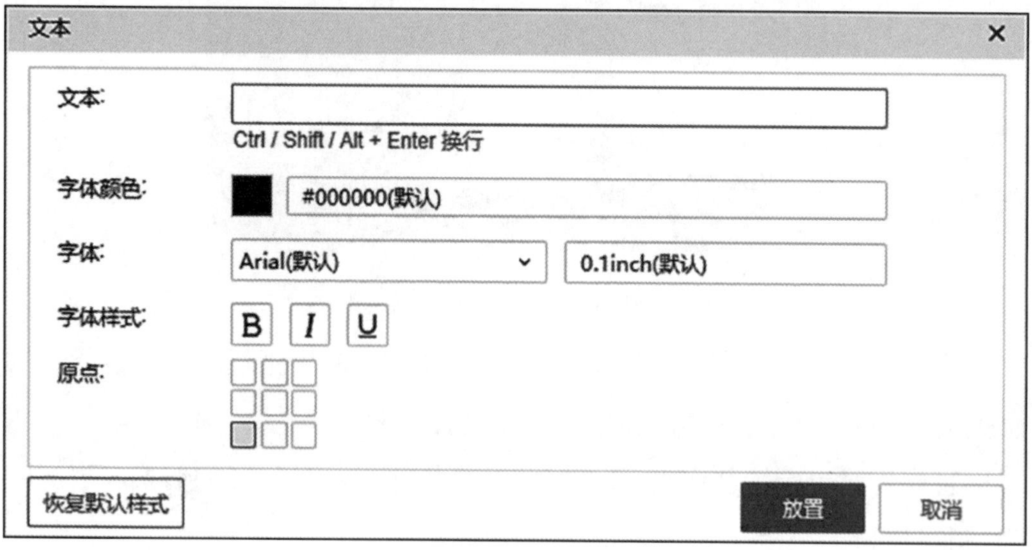

文本
文本:
Ctrl / Shift / Alt + Enter 换行
字体颜色: #000000(默认)
字体: Arial(默认) 0.1inch(默认)
字体样式: B I U
原点:
恢复默认样式 放置 取消

图 10-2　放置汉字

和改变字体颜色等。

2. 保存文件

原理图制作完成后，选择“文件”→“保存”命令，这样就保存好了文件，在原来 123 文件夹中，会看到取名为 10 的文件。

经过以上绘制后，一个简单与非门电路图设计完成，如图 10-3 所示。该电路的功能是验证与非门电路。

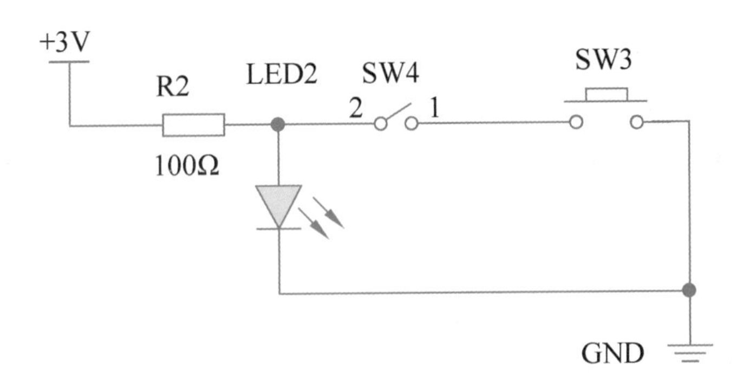

图 10-3 与非门电路图

任务 10.2 或非门电路

或非门（NOR gate）是数字逻辑电路中的基本元件，实现逻辑或非功能，有多个输入端，1 个输出端，多输入或非门可由 2 输入或非门和反相器构成。只有当两个输入 A 和 B 为低电平 0 时，输出为高电平 1。也可以理解为任意输入为高电平 1，输出为低电平 0。

10.2.1 或非门电路积木拼装

利用电子积木搭建或非门电路拼装图，如图 10-4 所示。电池、二极管、100Ω 电阻、导线、开关照图拼装好电路，然后进行如下操作。操作 1，开关拨到 OFF 挡位，即开关断开，按钮不按，此时按钮断开，二极管亮。操作 2，开关拨到 OFF 挡位，即开关断开，按钮按下，此时按钮接通，二极管不亮。

操作 3，开关拨到 ON 挡位，即开关接通，按钮不按，此时按钮断开，二极管不亮。操作 4，开关拨到 ON 挡位，即开关接通，按钮按下，此时按钮接通，二极管不亮。

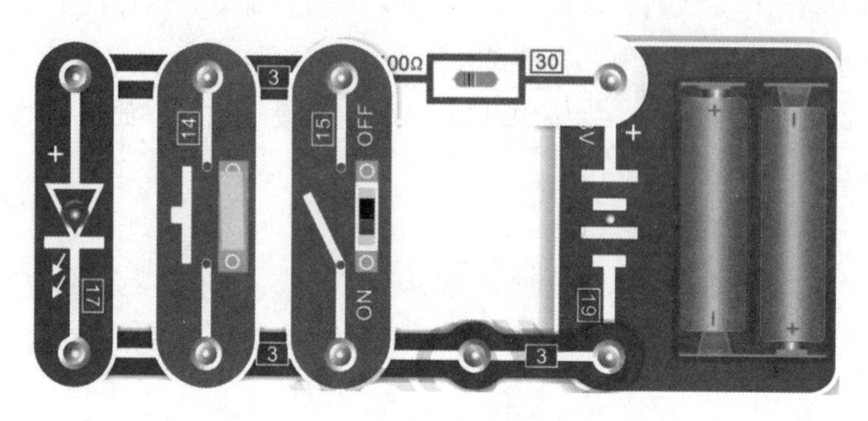

图 10-4　或非门电路拼装图

将以上操作及观察到的结果填入表 10-3 中。利用正逻辑方法定义开关合上为 1，断开为 0，并将开关作为输入端；二极管亮为 1，不亮为 0，并将二极管作为输出端，这样表 10-3 的逻辑关系可写为表 10-4 的形式。表 10-4 为或非门的逻辑关系。

表 10-3　实验记录

操作	开关	按钮	二极管
操作 1	断	断	亮
操作 2	断	合	不亮
操作 3	合	断	不亮
操作 4	合	合	不亮

表 10-4　或非门的逻辑关系

操作	输入		输出
操作 1	0	0	1
操作 2	0	1	0
操作 3	1	0	0
操作 4	1	1	0

10.2.2　或非门电路图制作

可按照任务 10.1 介绍的方法绘制或非门电路图，此处不再赘述。

经过绘制后，一个简单或非门电路图设计完成，如图 10-5 所示。该电路的功能是验证或非门电路。

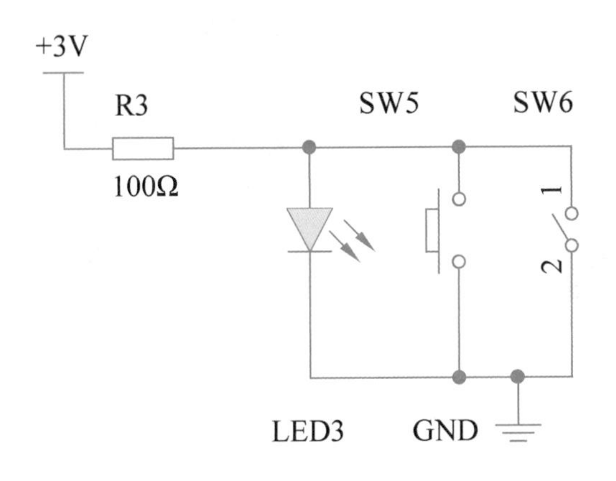

图 10-5　或非门电路图

任务 10.3　总结及评价

先分组进行总结，分别说出制作过程及体会，写出书面总结。再互相检查制作结果，集体给每一位同学打分。

1. 任务完成大调查

任务完成后，还要进行总结和讨论，教学时可用表 1-5 所示打分表来进行自我评价。

2. 行为考核指标

行为考核指标，主要采用批评与自我批评、自育与互育相结合的方法。采用自我考核和小组考核后班级评定的方法。班级每周进行一次民主生活会，就行为指标进行评议，教学时可用表 1-6 所示评分表来进行自我评价。

3. 集体讨论题

集体讨论各种组合门电路的基本使用方法，并进行思维导图式讨论。

4. 思考与练习

（1）总结门电路使用的规律。

（2）写出门电路的使用方法和步骤。

项目 11 电阻串并联电路

电子电路就是将基本器件有机组合到一起，组合时，有器件串联、并联、混联等连接方式，每一种电路都有各自的功能和作用，在学习时一定要熟练掌握每一个器件的使用方法和技巧。下面分别学习相关的知识。

任务 11.1　电阻串联电路

两个或两个以上的电阻头尾相接连在电路中，称为电阻的串联。电阻串联电路的特点如下：①流过各串联电阻的电流相等；②电阻串联后的总电阻增大，总电阻等于各串联电阻之和；③总电压等于各串联电阻上电压之和。

11.1.1　电阻串联电路积木拼装

利用电子积木搭建电阻串联电路积木拼装图，如图 11-1 所示。电池、二极管、100Ω 电阻、导线、开关照图拼装好电路，然后进行如下操作。操作 1，开关拨到左边 ON 挡位，即开关合上，当串联两个电阻时，此时二极管亮，但较暗。操作 2，开关拨到左边 ON 挡位，即开关合上，去掉一个电阻，此时二极管较亮。说明电阻大小与二极管亮暗有关，一般要使用二极管最亮，且电流最小的电阻。

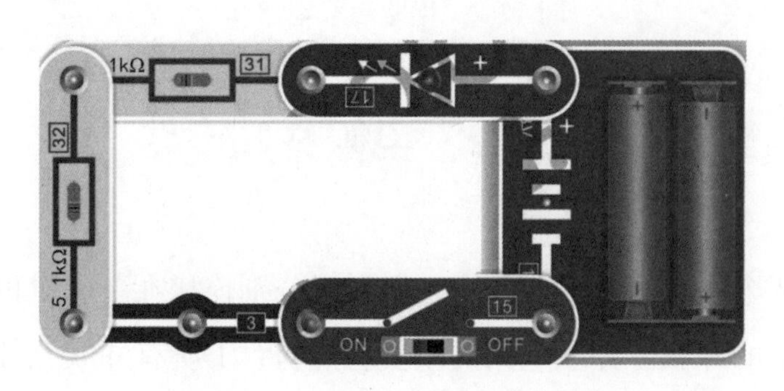

图 11-1　电阻串联电路积木拼装

11.1.2　电阻串联电路图制作

打开软件进入工程设计总界面，单击“新建工程”按钮，按提示新建工程，命名为 11 并保存新工程。进入制作原理图窗口，开始制作原理图。

1. 放置器件

在原理图设计界面左边的竖立工具页标签中选择“常用库”标签，所有常用元器件出现在左边的窗口中，可分别放置发光二极管 LED1，电阻 R1、R2 和按钮开关 SW1 等器件。

2. 保存文件

原理图制作完成后，选择“文件”→“保存”命令，这样就保存好了文件，在原来 123 文件夹中，会看到取名为 11 的文件。

经过以上绘制后，一个电阻串联电路图设计完成，如图 11-2 所示。该电路的功能是：在一个发光二极管（注意，不要接反了方向）两端分别接入两个电阻和一个按钮，拼接好后，按一下按钮，发光二极管会亮。当串联电阻越来越大，或越来越多时，发光二极管会变暗，直至不亮。

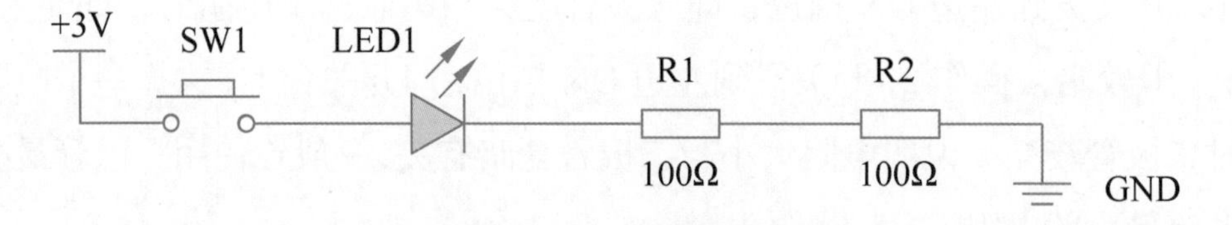

图 11-2　电阻串联电路图

任务 11.2　电阻并联电路

两个或两个以上的电阻头和头，尾和尾分别连接在一起，再相接在电路中，称为电阻的并联。并联电路的主要特点有：①所有并联元件的端电压是同一个电压；②并联电路的总电流是所有元件的电流之和。

11.2.1　电阻并联电路积木拼装

利用电子积木搭建电阻并联电路积木拼装图，如图 11-3 所示。电池、二极管、电阻、导线、开关照图拼装好电路，然后进行如下操作。操作 1，开关拨到左边 ON 挡位，即开关接通，此时二极管亮。操作 2，开关拨到左边 ON 挡位，即开关接通，去掉一个电阻，此时二极管较暗。操作 3，将 10kΩ 电阻换成 1kΩ 电阻，开关拨到左边 ON 挡位，即开关接通，此时二极管较亮。可见，并联电阻可改变二极管亮度。

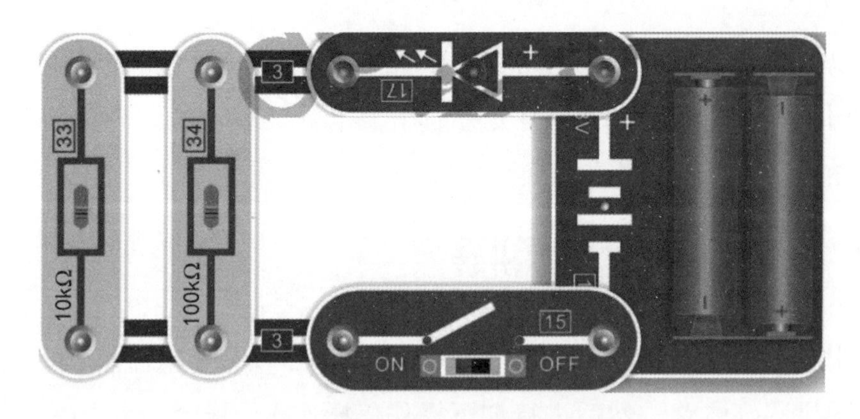

图 11-3　电阻并联电路积木拼装

11.2.2　电阻并联电路图制作

按照任务 11.1 介绍的方法绘制电阻并联电路图，此处不再赘述。

经过以上绘制后，一个电阻并联电路图设计完成，如图 11-4 所示。该电路的功能是：在一个发光二极管（注意，二极管不要接反了方向）两端分别接入一个按钮和并联电阻，拼接好后，按一下按钮，发光二极管亮。验证并联电阻的阻值减小，电流增大。

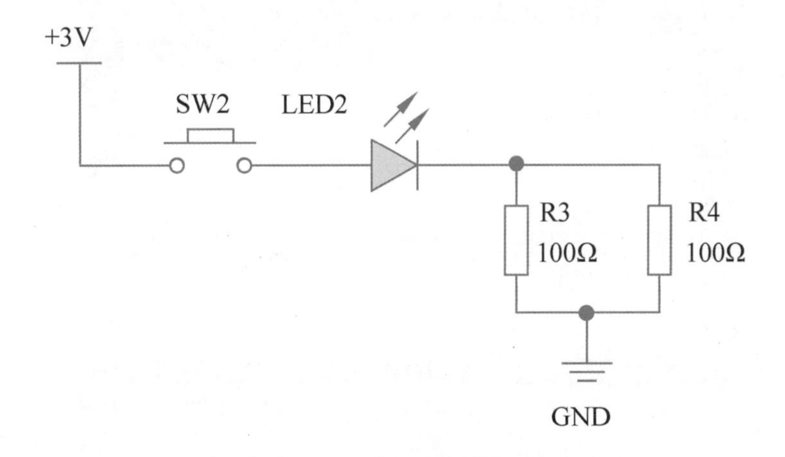

图 11-4　电阻并联电路图

任务 11.3　电阻混联电路

将以上串联电路和并联电路合并后就变成混联电路，混联电路在电子技术中应用很广，种类也很多，有先并后串，也有先串后并，下面介绍混联电路相关知识。

11.3.1　电阻混联电路积木拼装

利用电子积木拼装电阻混联电路图，如图 11-5 所示。电流表、电池、电阻、导线照图拼装好电路，然后进行如下操作。操作 1，减少一个支路的一个电阻，观察电流表中读数变化。操作 2，去掉同一个支路的第二个电阻，观察电流表中读数变化。恢复上面两步去掉的支路电阻，再进行下面操作。操作 3，减少第二个支路的一个电阻，观察电流表中读数变化。操作 4，去掉同一个支路的第二个电阻，观察电流表中读数变化。

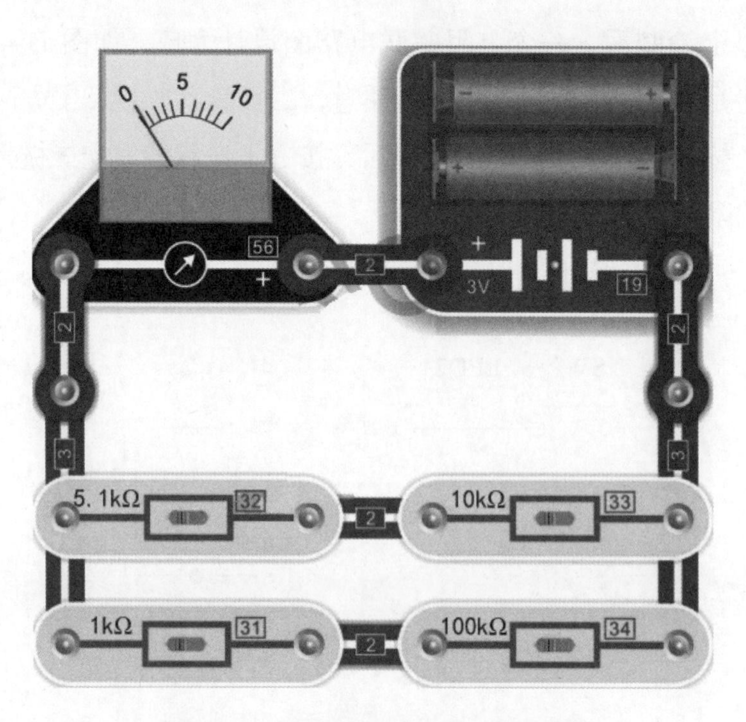

图 11-5　积木拼装电阻混联电路图

11.3.2　电阻混联电路图制作

按照任务 11.1 介绍的方法绘制电阻混联电路图，此处不再赘述。

经过以上绘制后，一个电阻混联电路图设计完成，如图 11-6 所示。该电路的功能是在一个发光二极管（注意，二极管不要接反了方向）两端分别接入串并混联电阻和一个按钮，拼接好后，按下按钮，二极管亮。

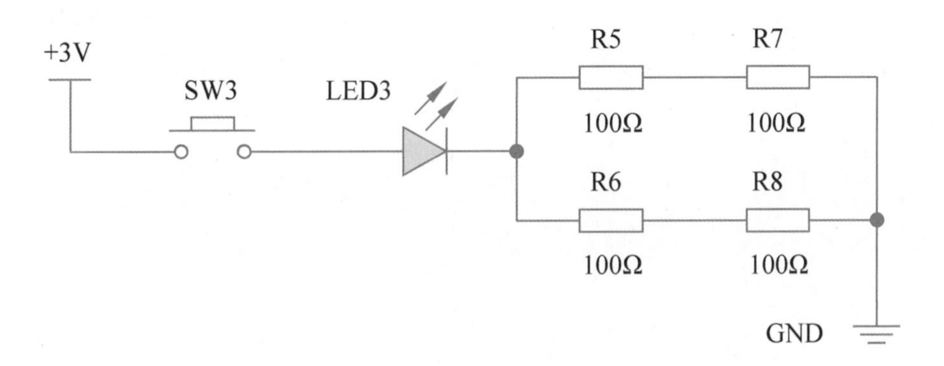

图 11-6　电阻混联电路图

任务 11.4　总结及评价

先分组进行总结，分别说出制作过程及体会，写出书面总结。再互相检查制作结果，集体给每一位同学打分。

1. 任务完成大调查

任务完成后，还要进行总结和讨论，教学时可用表 1-5 所示打分表来进行自我评价。

2. 行为考核指标

行为考核指标，主要采用批评与自我批评、自育与互育相结合的方法。采用自我考核和小组考核，班级评定方法。班级每周进行一次民主生活会，就行为指标进行评议，教学时可用表 1-6 所示评分表来进行自我评价。

3. 集体讨论题

上网搜索电子技术电路，并进行思维导图式讨论。

4. 思考与练习

（1）自己掌握电子电路的基本设计方法，研究其规律。

（2）了解各种基本电路。

项目12 音乐门铃

音乐门铃是一个简单有趣的小制作，同时又是一个实用的小制作。通过这个小制作，既可以掌握一些基本的电子知识和制作技巧，又可以为家里提供一个与众不同的门铃。大家都知道按下门铃，会发出声音。那么你知道其中的原理吗，是什么原因可以让它发出声音呢？下面具体讨论音乐门铃制作方法。

任务 12.1　音乐门铃制作

音乐门铃电路由音乐集成电路 IC、扬声器 BL 和触发按钮 SB 等组成。当按下 SB（即门铃按钮）时，音乐集成电路 IC 被触发，其产生的音乐信号驱动扬声器 BL 发出悦耳的音乐声。选用不同的音乐集成电路，门铃即发出不同的音乐声。电源采用两节 5 号电池。由于门铃的工作特点是需要长期待机，因此本电路不设电源开关。长期不用时，取出电池即可。

12.1.1　音乐门铃积木拼装

按图 12-1 拼装好积木后，合上开关，扬声器发出动听的生日祝福乐曲，等音乐声停止后，可以进行下列研究和改换。

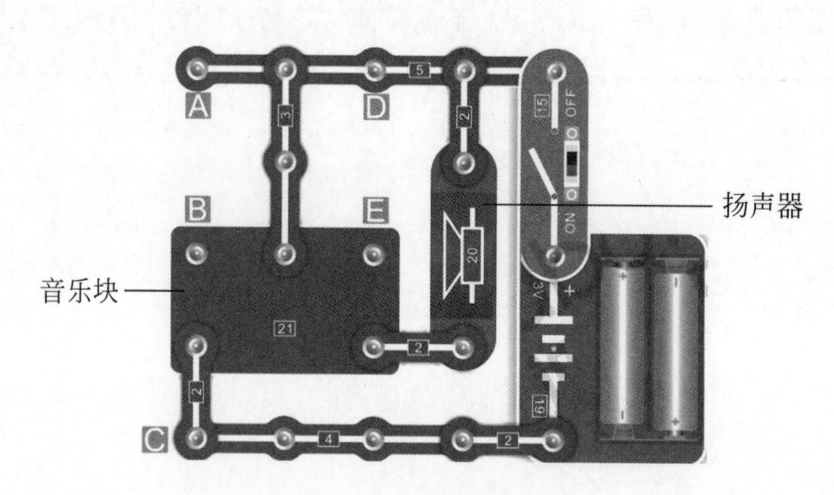

图 12-1　音乐门铃积木拼装

（1）键控音乐门铃：将电键（器件编号为 14）接在 DE 两端，按下电键音乐声响起，松开电键音乐声停止。

（2）磁控音乐门铃：将干簧管（器件编号为 13）换成电键（器件编号为 14），用磁铁吸合干簧管。

（3）光控音乐门铃：将电键（器件编号为 14）换成光敏电阻（器件编号为 16）。用手遮挡光敏电阻的光线，音乐响；不遮挡光线，音乐不响。

（4）水控音乐门铃：将光敏电阻（器件编号为 16）换成触摸板（器件编号为 12）。只要有水滴在触摸板上，音乐响；没有水滴，音乐不响。

（5）声控延时音乐门铃①：将蜂鸣片（器件编号为 11）接在 AB 两端，拍手或大声讲话，音乐声响一遍后停止。

（6）声控延时音乐门铃②：将蜂鸣片（器件编号为 11）接在 BC 两端，操作同上。

（7）声控延时音乐门铃③：将传声器（器件编号为 28）接在 AB 两端（正极朝上），操作同上。

（8）声控延时音乐门铃④：将传声器（器件编号为 28）接在 BC 两端（正极朝上），并将 5.1kΩ 电阻（32）接在 AB 两端，操作同上。

（9）电动延时音乐门铃①：将电机（器件编号为 24）接在 AB 两端，拧动电动机的小轴，音乐声响一遍后停止。

（10）电动延时音乐门铃②：将电机（器件编号为 24）接在 BC 两端，操作同上。

（11）手控延时音乐门铃①：将电键（器件编号为 14）接在 AB 两端。按下电键后松开，音乐声响一遍后停止。

（12）手控延时音乐门铃②：将 100Ω 电阻（器件编号为 30）接在 AB 两端，并将电键（器件编号为 14）接在 DE 两端，操作同上。

（13）手控延时音乐门铃③：将 100Ω 电阻（器件编号为 30）接在 AB 两端，并将电键（器件编号为 14）接在 BC 两端，操作同上。

（14）磁控延时音乐门铃①：将干簧管（器件编号为 13）接在 AB 两端，用磁铁吸合干簧管，音乐声响一遍后停止。

（15）磁控延时音乐门铃②：将 100Ω 电阻（器件编号为 30）接在 AB 两端，并将干簧管（器件编号为 13）接在 DE 两端，操作同上。

（16）磁控延时音乐门铃③：将 100Ω 电阻（器件编号为 30）接在 AB 两端，并将干簧管（器件编号为 13）接在 BC 两端，操作同上。

12.1.2 音乐门铃电路图制作

打开软件，进入工程设计总界面，单击“新建工程”按钮，按提示新建工程，取名为 12 并保存新工程。进入制作原理图窗口，开始制作原理图。

1. 放置器件

在原理图设计界面左边的竖立工具页标签中选择“常用库”标签，所有常用元器件出现在左边的窗口中，可放置常用器件，如按钮开关 SW1，扬声器要采用搜索方法放置，音乐集成块可用相同管脚数的器件代替。放置器件后连接导线，完成原理图制作，如图 12-2 所示。

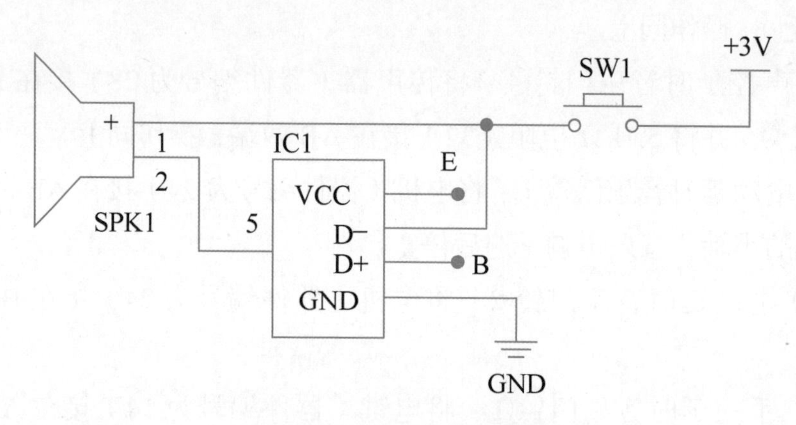

图 12-2　音乐门铃电路图

2. 保存文件

原理图制作完成后，选择“文件”→“保存”命令，这样就保存好了文件，在原来 123 文件夹中，会看到取名为 12 的文件。

经过以上绘制后一个简单原理图设计完成，该电路的功能是在一个集成块两端分别接入一个扬声器和一个按钮，拼接好后，按下按钮，会播放美妙的音乐。

任务 12.2　音乐双闪灯门铃

音乐双闪灯门铃，是在音乐门铃电路的基础上，增加一个发光二极管和一个灯泡，便于听力不好的老人使用，安装时在外接点◀与电源正极之间接入一个扬声器。

12.2.1　音乐双闪灯门铃积木拼装

按图 12-3 拼装好积木后，合上开关，扬声器发出动听的生日祝福乐曲。

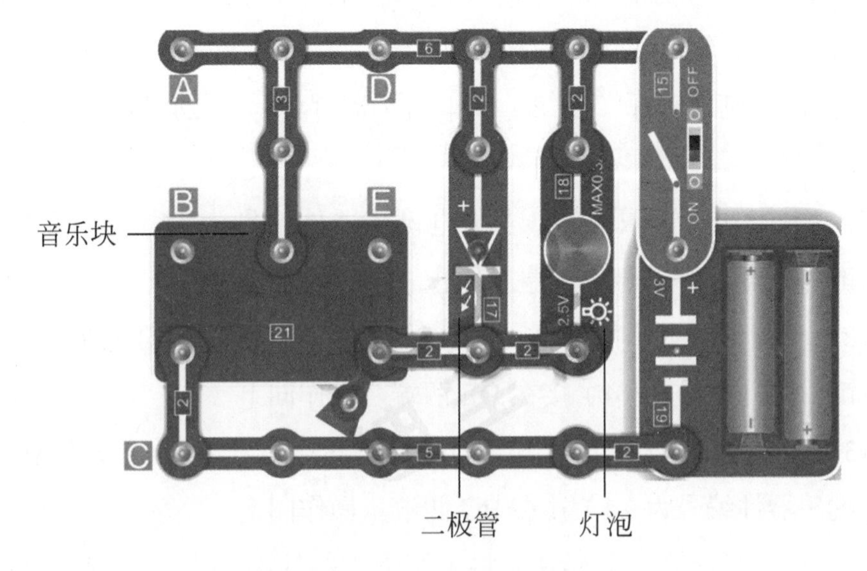

图 12-3　音乐双闪门铃

（1）键控音乐门铃：将电键（器件编号为 14）接在 DE 两端。按下电键音乐声响起，松开电键音乐声停止。

（2）磁控音乐门铃：将干簧管（器件编号为 13）换成电键（器件编号为 14），用磁铁吸合干簧管。

（3）光控音乐门铃：将电键（器件编号为 14）换成光敏电阻（器件编号为 16）。用手遮挡光敏电阻的光线，音乐响；不遮挡光线，音乐不响。

（4）水控音乐门铃：将光敏电阻（器件编号为 16）换成触摸板（器件编号为 12）。只要有水滴在触摸板上，音乐响；没有滴水，音乐不响。

（5）声控延时音乐门铃①：将蜂鸣片（器件编号为 11）接在 AB 两端。拍手或大声讲话音乐声响一遍后停止。

（6）声控延时音乐门铃②：将蜂鸣片（器件编号为 11）接在 BC 两端。操作同上。

（7）声控延时音乐门铃③：将传声器（器件编号为 28）接在 AB 两端

（正极朝上）。操作同上。

（8）声控延时音乐门铃④：将传声器（器件编号为 28）接在 BC 两端（正极朝上），并将 5.1kΩ 电阻（32）接在 AB 两端。操作同上。

（9）电动延时音乐门铃①：将电机（器件编号为 24）接在 AB 两端，拧动电动机的小轴，音乐声响一遍后停止。

（10）电动延时音乐门铃②：将电机（器件编号为 24）接在 BC 两端操作同上。

（11）手控延时音乐门铃①：将电键（器件编号为 14）接在 AB 两端。按下电键后松开，音乐声响一遍后停止。

（12）手控延时音乐门铃②：将 100Ω（器件编号为 30）接在 AB 两端，并将电键（器件编号为 14）接在 DE 两端。操作同上。

（13）手控延时音乐门铃③：将 100Ω（器件编号为 30）接在 AB 两端，并将电键（器件编号为 14）接在 BC 两端。操作同上。

（14）磁控延时音乐门铃①：将干簧管（器件编号为 13）接在 AB 两端用磁铁吸合干簧管，音乐声响一遍后停止。

（15）磁控延时音乐门铃②：将 100Ω（器件编号为 30）接在 AB 两端并将干簧管（器件编号为 13）接在 DE 两端。操作同上。

（16）磁控延时音乐门铃③：将 100Ω（器件编号为 30）接在 AB 两端，并将干簧管（器件编号为 13）接在 BC 两端。操作同上。

12.2.2 音乐双闪灯门铃电路图制作

按照任务 12.1 介绍的方法绘制音乐双闪灯门铃电路图，此处不再赘述。

1. 放置器件

在原理图设计界面左边的竖立工具页标签中选择“常用库”标签，所有常用元器件出现在左边的窗口中，可放置常用器件，如发光二极管 LED1、按钮开关 SW2。灯泡 U1 需要采用搜索的方法放置，可以用引脚数相同的器件代替。放置器件后连线导线，完成原理图的制作，如图 12-4 所示。

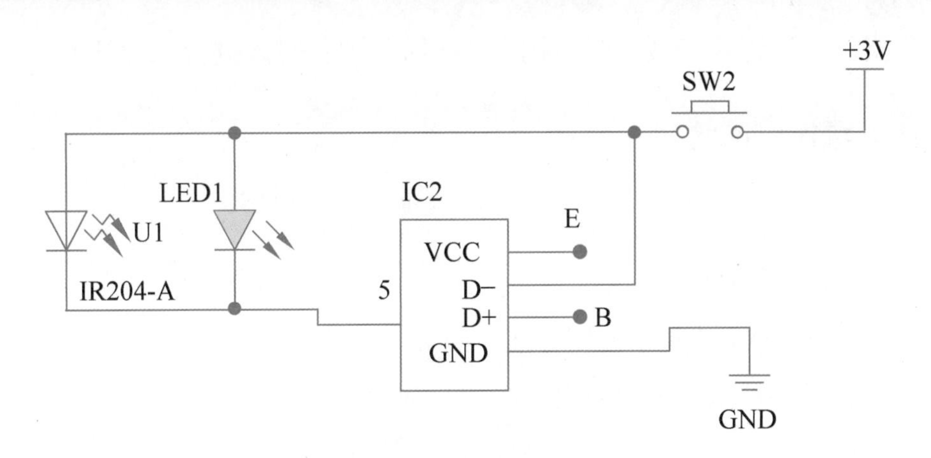

图 12-4　音乐双闪门铃电路图

2. 保存文件

原理图制作完成后，选择“文件”→“保存”命令，这样就保存好了文件，在原来 123 文件夹中，会看到取名为 12 的文件。

经过以上绘制后，音乐双响门铃电路图设计完成，该电路的功能是在一个音乐芯片两端分别接入一个灯泡、一个发光二极管（注意，二极管不要接反了方向）和一个按钮，拼接好后，按下按钮，音乐声响起，同时灯点亮。

任务 12.3　总结及评价

先分组进行总结，分别说出制作过程及体会，写出书面总结。再互相检查制作结果，集体给每一位同学打分。

1. 任务完成大调查

任务完成后，还要进行总结和讨论，教学时可用表 1-5 所示打分表来进行自我评价。

2. 行为考核指标

行为考核指标，主要采用批评与自我批评、自育与互育相结合的方法。采用自我考核和小组考核后班级评定的方法。班级每周进行一次民主生活会，就行为指标进行评议，教学时可用表 1-6 所示评分表来进行自我评价。

3. 集体讨论题

上网搜索集成块制作方法，并进行思维导图式讨论。

4. 思考与练习

（1）讲述 EDA 的基本使用方法，研究其规律。

（2）思考各种基本电路对自己学习有何启迪。

项目13 报 警 器

报警器是一种为防止或预防某事件发生所造成的后果，以声音、光、气压等形式来提醒或警示人们应当采取某种行动的电子产品。报警器分为机械式报警器和电子报警器。随着科技的进步，机械式报警器越来越多地被先进的电子报警器代替，经常应用于系统故障、安全防范、交通运输、医疗救护、应急救灾、感应检测等领域，与社会生产密不可分，如门磁感应器和煤气感应报警器。

任务 13.1　声音报警器制作

报警器电路如图 13-1 所示，由报警集成电路 IC（器件编号为 22）、扬声器（器件编号为 20）、开关（器件编号为 15）等组成。电源采用两节 5 号电池。由于报警器的工作特点是需要长期待机，因此本电路不设电源开关。长期不用时，取出电池即可，本项目为了省电设置了电源开关。

13.1.1　声音报警器积木拼装

按图 13-1 拼装好积木后，合上开关。扬声器发出警车声；当用导线将 KL 连起来时，扬声器发出消防声；当用导线将 KM 连起来时，扬声器发出机枪声；当用导线将 LN 连起来时，扬声器发出救护声；当用导线将 LM 连起来时，扬声器发出笑声。

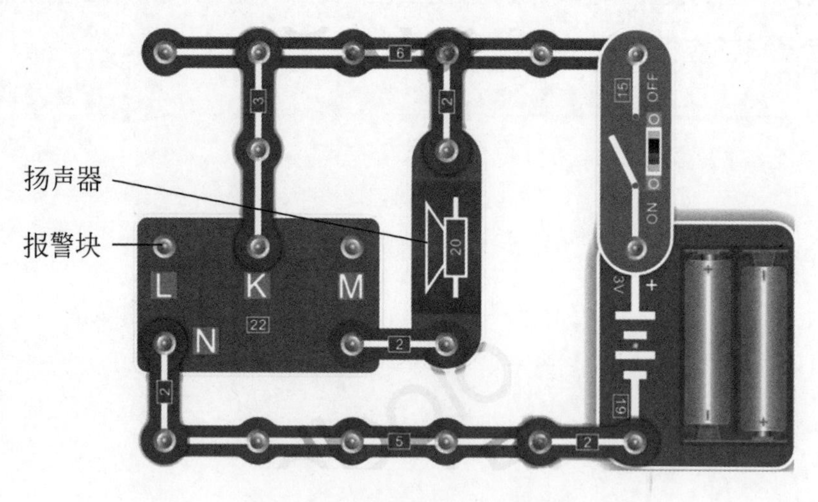

图 13-1　报警器积木拼装图

13.1.2　声音报警器电路图制作

打开 EAD 软件，进入工程设计总界面，单击“新建工程”按钮，按提示新建工程，取名为 13 并保存新工程。进入制作原理图窗口，开始制作原理图。

1. 放置器件

在原理图设计界面左边的竖立工具页标签中选择“常用库”标签，所有常用元器件出现在左边的窗口中，可放置常用器件，如按钮开关 SW1。扬声器要采用搜索的方法放置，报警集成块可以找相同引脚数的器件代替。放置器件后连接导线，完成原理图制作，如图 13-2 所示。

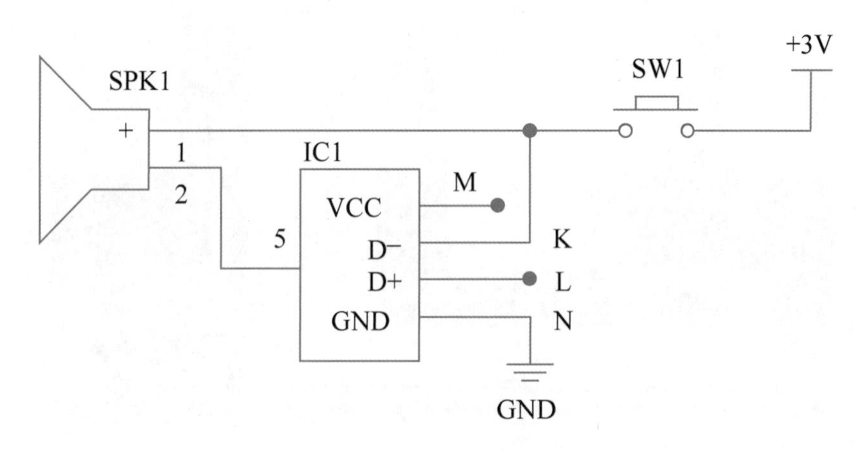

图 13-2　报警器电路图

2. 保存文件

原理图制作完成后，选择“文件”→“保存”命令，这样就保存好了文件，在原来 123 文件夹中，会看到取名为 13 的文件。

经过以上绘制后报警器电路图设计完成，如图 13-2 所示。该电路的功能是：在一个集成块两端分别接入一个扬声器和一个按钮，拼接好后，按下按钮，会播放报警声。

任务 13.2　声光报警器制作

燃气泄漏使室内浓度达到预警浓度后，报警器的红色指示灯亮，蜂鸣器发出“嘟嘟”的报警声，所以叫作声光报警。

13.2.1　声光报警器积木拼装

声光报警器电路如图 13-3 所示，由报警集成电路 IC（器件编号为 22）、扬声器（器件编号为 20）、开关（器件编号为 15）等组成。电源采用两节 5 号电池。

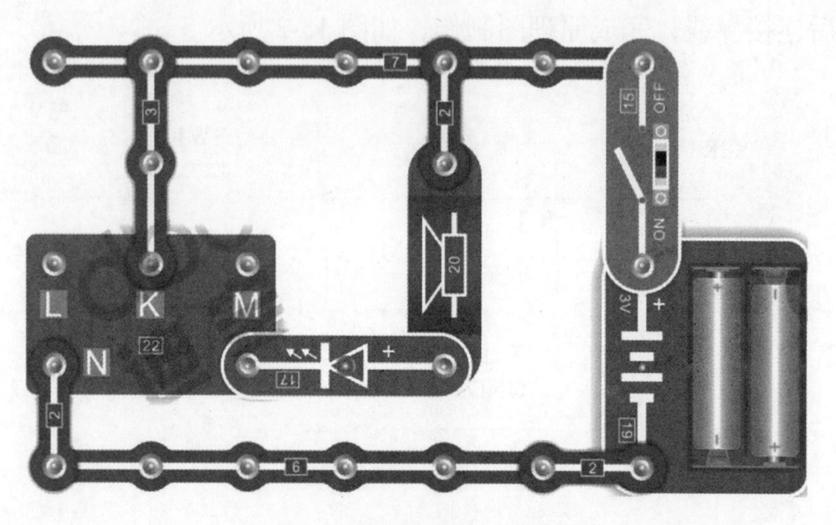

图 13-3　声光报警积木拼装图

按图 13-1 拼装好积木后，合上开关。扬声器发出警报声，同时指示灯亮；当用导线将 KL 连起来时，扬声器发出消防声，同时指示灯亮；当用导线将 KM 连起来时，扬声器发出机枪声，同时指示灯亮；当用导线将 LN 连起来时，扬声器发出救护声，同时指示灯亮；当用导线将 LM 连起来时，扬声器发出笑声，同时指示灯亮。

13.2.2　声光报警器电路图制作

按照任务 13.1 介绍的方法绘制声光报警器电路图，此处不再赘述。

经过绘制后，一个声光报警器电路图设计完成，如图 13-4 所示。该电路的功能是在一个报警集成块外围接入一个发光二极管（注意，二极管不要接反了方向）和一个按钮，拼接好后，按一下按钮，报警声响起，同时二极管发亮。

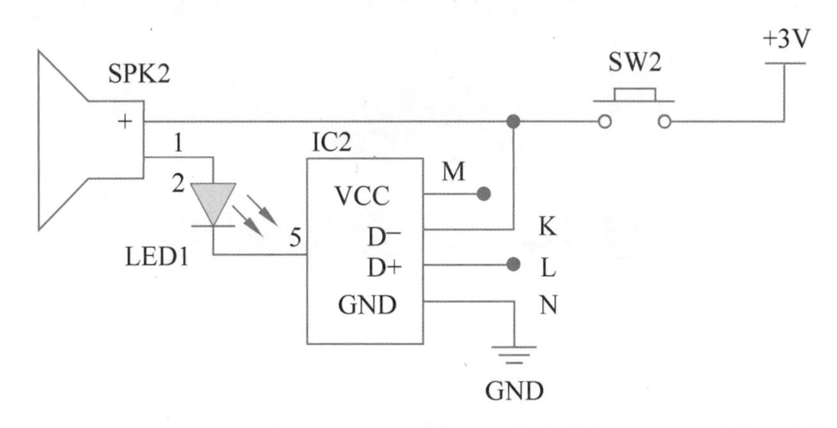

图 13-4　声光报警器电路图

任务 13.3　总结及评价

先分组进行总结，分别说出制作过程及体会，写出书面总结。再互相检查制作结果，集体给每一位同学打分。

1. 任务完成大调查

任务完成后，还要进行总结和讨论，教学时可用表 1-5 所示打分表来进行自我评价。

2. 行为考核指标

行为考核指标，主要采用批评与自我批评、自育与互育相结合的方法。采用自我考核和小组考核后班级评定的方法。班级每周进行一次民主生活会，就行为指标进行评议，教学时可用表 1-6 所示评分表来进行自我评价。

3. 集体讨论题

上网搜索报警器种类，并进行思维导图式讨论。

4. 思考与练习

（1）掌握报警器基本使用方法，研究其规律。

（2）了解各种报警器的工作原理。

项目 14　声响报警器

制作声响报警器是一个简单有趣的小项目，通过这个项目，既可以掌握一些基本的电子知识和制作技巧，还可以呈现一个与众不同的玩具，下面具体讨论报警器的制作方法。

任务 14.1　太空大战声响报警器

太空大战声响报警器电路如图 14-1 所示，由太空大战声音集成电路、扬声器、电键和开关等组成。分别或者同时操作开关和电键，可以发出各种武器的声音，好似正在进行一场太空大战。选用不同的太空大战声音集成电路，报警器即具有不同的太空大战声音。电源采用两节 5 号电池。

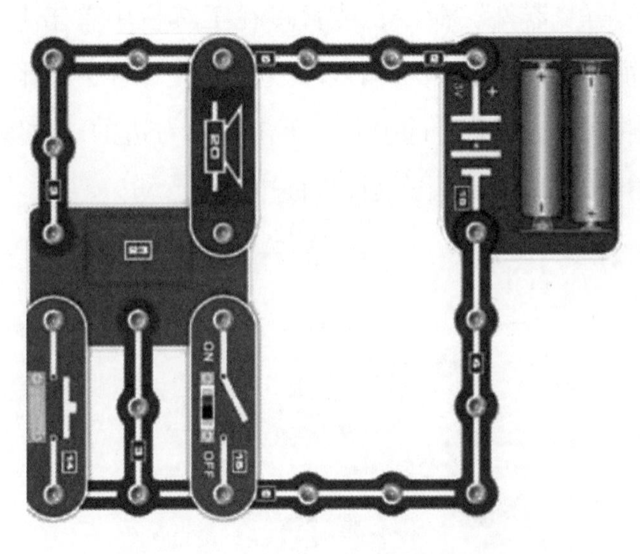

图 14-1　太空大战声响报警器电路

14.1.1　太空大战声响报警器积木拼装

按图 14-1 拼装好积木后，合上开关。①磁控大战：将开关换成干簧管，可用磁铁控制太空大战。②光控太空大战：将开关换成光敏电阻，只要用手来回遮挡光敏电阻的光线，就可以光控太空大战。③触摸太空大战：将电键换成触摸板，只要用手反复触碰触摸板，即可控制太空大战。

14.1.2　太空大战声响报警器电路图制作

打开 EDA 软件，进入工程设计总界面，单击“新建工程”按钮，按提示新建工程，取名为 14 并保存新工程。进入制作原理图窗口，开始制作原理图。

1. 放置器件

在原理图设计界面左边的竖直工具页标签中选择“常用库”标签，所有常用元器件出现在左边的窗口中，在窗口中选中常用器件进行放置。可分别放置集成块 IC、按键 SW2 等器件。

扬声器 SPK1 和开关 SW1 的放置方法如下。常用工具栏没有的器件，可选择“放置”→“器件”命令，或直接在工具栏中单击图标，弹出如图 14-2 所示的窗口。在搜索框中输入“拨动开关”，在“清除筛选”下面的窗口中会出现各种拨动开关，选中后，单击器件右边的“放置”按钮，对应器件的图形符号就出现在原理图设计界面中。

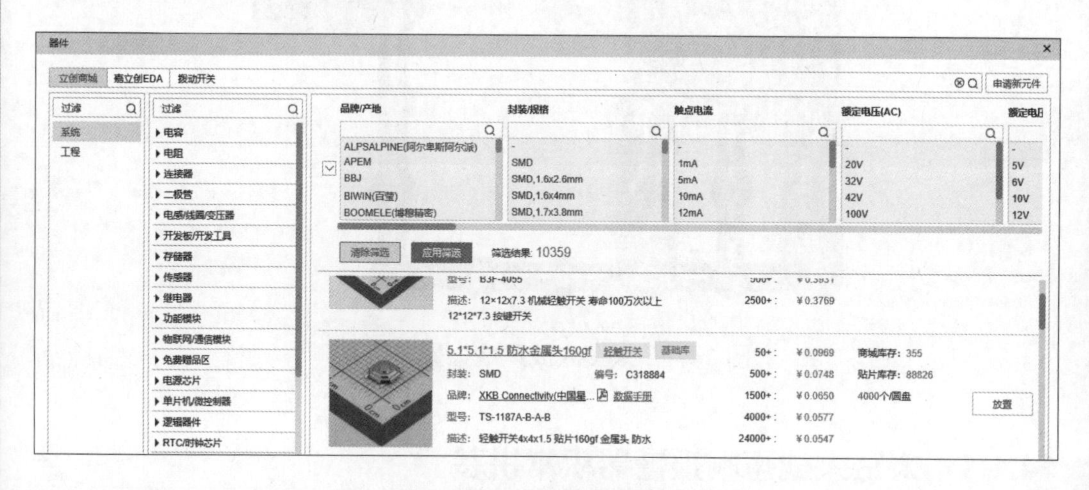

图 14-2　放置器件窗口

2. 保存文件

原理图制作完成后，选择“文件”→“保存”命令，这样就保存好了文件，在原来 123 文件夹中，会看到取名为 14 的文件。

经过以上绘制后，一个报警器电路图设计完成，如图 14-3 所示。该电路的功能是播放太空大战声音，当分别或者同时操作开关和电键时，可以发出各种武器的声音。

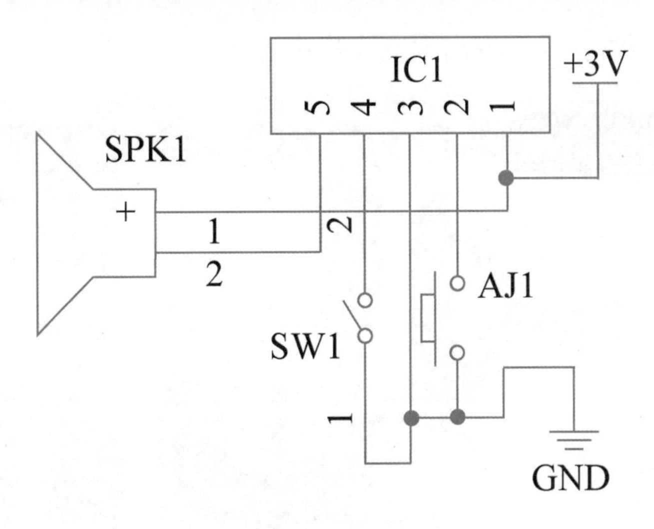

图 14-3　报警器电路图

任务 14.2　光控太空大战声响报警器

光控太空大战声响报警器电路如图 14-4 所示，由太空大战声音集成电路 IC、功放晶体管 Q2、扬声器 SPK2、光敏电阻 R5 和三极管下偏置电阻 R2 等组成。当在光敏电阻上用手挡一下光时，太空大战声音集成电路 IC 被触发，其产生的太空大战声音信号经晶体管 VT 放大后，驱动扬声器发出悦耳的太空大战声音。选用不同的太空大战声音集成电路，报警器具有不同的太空大战声音。电源采用 4 节 5 号电池。由于报警器的工作特点是需要长期待机，因此本电路不设电源开关。长期不用时，取出电池即可。

14.2.1　光控太空大战声响报警器积木拼装

按图 14-4 拼装好积木后，当在光敏电阻上用手挡一下光时，马上发出太空大战声音，若改变一些部件就可改变电路的控制方式。①触摸控制：将触摸片（器件代号为 12）接在 GH 两端，用手碰触触摸板，马上发出太空大战声音；②水控制：将触摸片接在 JI 两端，只要有水滴在触摸板上，马上发出太空大战声音；③磁控制：将干簧管（器件代号为 13）接在 GH 两端，用磁铁吸合干簧管，马上发出太空大战声音。

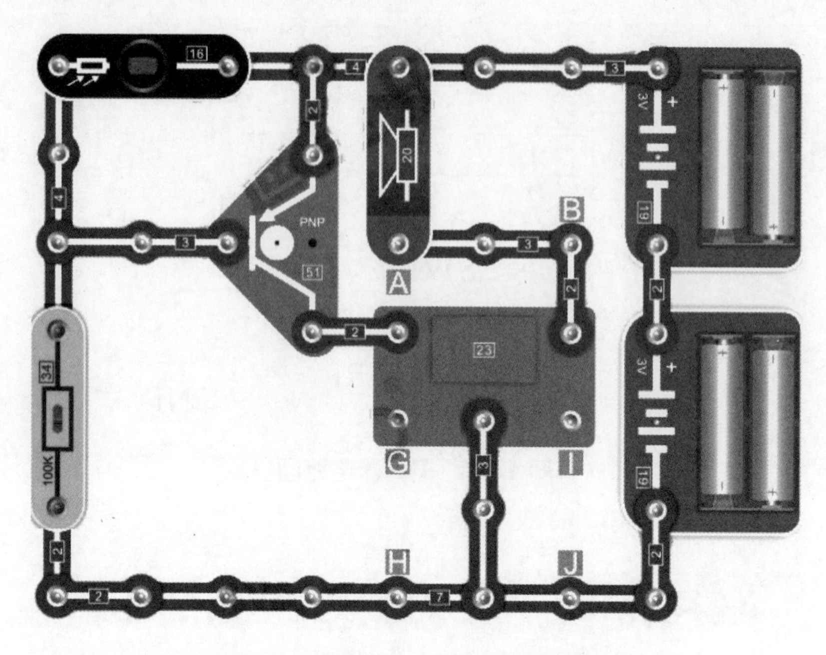

图 14-4　光控太空大战声响报警器

14.2.2　光控太空大战声响报警器电路图制作

按照任务 14.1 介绍的方法绘制光控太空大战声响报警器电路图，主要步骤如下。

1. 放置器件

在原理图设计界面左边的竖立工具页标签中找到“常用库”标签，所有常用元器件出现在左边的窗口中，在窗口中选中常用器件并放置。可分别放置集成块 IC2、三极管 Q2、电阻 R1、按钮开关 SW2 等器件。扬声器 SPK2 和光敏电阻 GR 要用搜索的方法放置，放置器件后连接导线，完成原理图制作，如图 14-5 所示。

2. 保存文件

原理图制作完成后，选择“文件”→“保存”命令，这样就保存好了文件，在原来 123 文件夹中，会看到取名为 14 的文件。

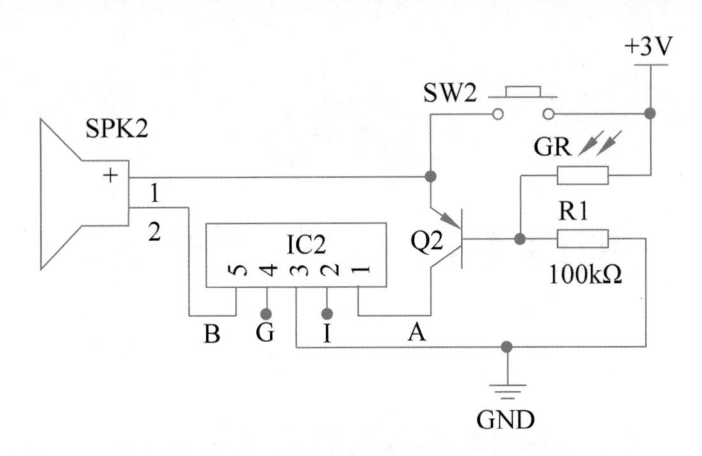

图 14-5　光控太空大战声响报警器电路图

任务 14.3　总结及评价

先分组进行总结，分别说出制作过程及体会，写出书面总结。再互相检查制作结果，集体给每一位同学打分。

1. 任务完成大调查

任务完成后，还要进行总结和讨论，教学时可用表 1-5 所示打分表来进行自我评价。

2. 行为考核指标

行为考核指标，主要采用批评与自我批评、自育与互育相结合的方法。采用自我考核和小组考核后班级评定的方法。班级每周进行一次民主生活会，就行为指标进行评议，教学时可用表 1-6 所示评分表来进行自我评价。

3. 集体讨论题

上网搜索电子 EDA 中 PCB 基本作图方法，并进行思维导图式讨论。

4. 思考与练习

（1）掌握电子 EDA 中 PCB 的基本使用方法，研究其规律。

（2）了解各种 PCB 制作技术。

项目 15　乐声混响器

制作乐声混响器是一个简单有趣的项目，通过这个项目，既可以掌握一些基本的电子知识和制作技巧，还可以为家里提供一个与众不同的门铃或者玩具。下面具体讨论音乐报警混响器、音乐太空大战混响器制作方法。

任务 15.1　音乐报警混响器制作

音乐报警混响器拼装如图 15-1 所示，由音乐报警集成电路 IC1（器件编号为 21）、报警集成电路 IC2（器件编号为 22）、扬声器 SPK1（器件编号为 20）和触发按钮 SW1（器件编号为 15）等组成。当按下按钮时，集成电路被触发，其产生的信号驱动扬声器发出悦耳的音乐和报警混响声。选用不同的音乐和报警集成电路，就会有不同的音乐和报警混响声。

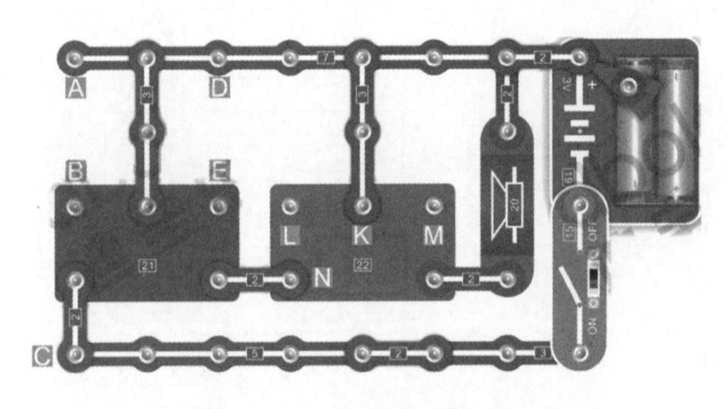

图 15-1　音乐报警混响器

15.1.1　音乐报警混响器积木拼装

按图 15-1 拼装好积木后，合上开关，扬声器发出音乐与警车的混响声。①键控混响器：将电键（器件编号为 14）接在 DE 两端，按下电键混响声响起，松开电键混响声停止。②磁控音乐警车混响声：将电键换成干簧管（器件编号为 13），用磁铁吸合干簧管。③光控混响器：将干簧管换成光敏电阻（器件编号为 16），用手遮挡光敏电阻的光线，混响声响起。④水控音乐警车混响声：将光敏电阻换成触摸板（器件编号为 12），只要有水滴在触摸板上，混响声响起。

15.1.2　音乐报警混响器电路图制作

打开 EDA 软件，进入工程设计总界面，单击“新建工程”按钮，按提示新建工程，取名为 15 并保存新工程。进入制作原理图窗口，开始制作原理图。

1. 放置器件

在原理图设计界面左边的竖立工具页标签中选择“常用库”标签，所有常用元器件出现在左边的窗口中，可放置常用器件，如按钮开关 SW1，电源和地。扬声器要采用搜索的方法放置，报警集成块找相同引脚数的器件替代，本项目用继电器代替，最好是自己制作器件库。放置器件后连接导线，完成原理图制作，如图 15-2 所示。

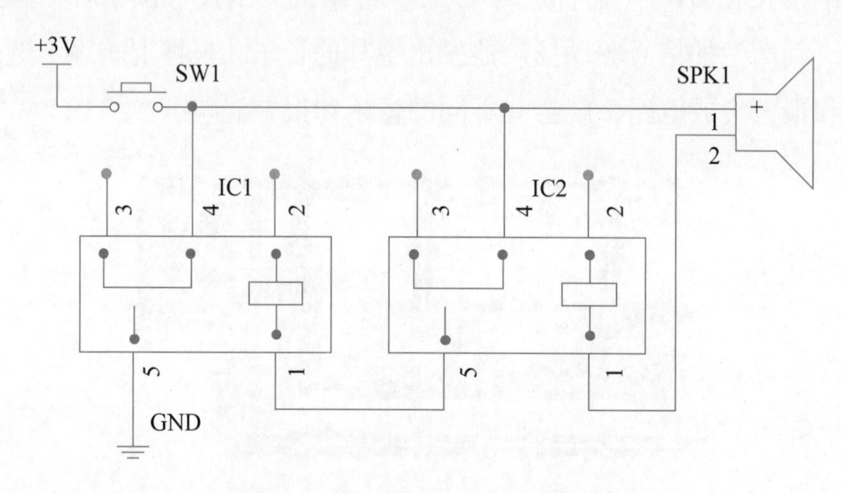

图 15-2　音乐报警混响器电路图

2. 保存文件

原理图制作完成后，选择“文件”→“保存”命令，这样就保存好了文件，在原来 123 文件夹中，会看到取名为 15 的文件。

经过以上绘制后，音乐报警混响器电路图设计完成，如图 15-2 所示。该电路的功能是音乐和报警集成块外接一个按钮和扬声器，拼接好后，按下按钮，音乐和报警声同时响起。

任务 15.2　音乐太空大战混响器

音乐太空大战混响器拼装如图 15-3 所示，由音乐集成电路 IC3（器件编号为 21）、太空大战集成电路 IC4（器件编号为 23）、扬声器 SPK2（器件编

号为 20）和触发电键 SW2（器件编号为 15）等组成。当按下电键时，集成电路被触发，其产生的信号驱动扬声器发出悦耳的音乐和太空大战混响声。选用不同的音乐和太空大战集成电路，就会有不同的音乐和报警混响声。

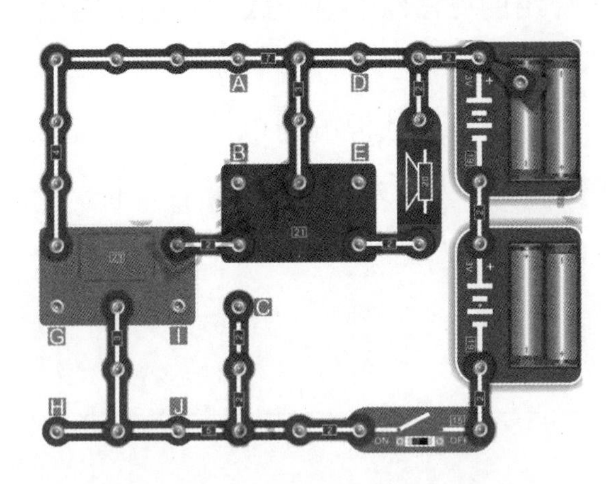

图 15-3　音乐太空大战混响器

15.2.1　音乐太空大战混响器积木拼装

按图 15-3 拼装好积木后，将导线（器件编号为 3）接在 GH 两端，合上开关，扬声器发出太空大战与音乐的混响声。

（1）键控太空大战音乐混响声：将电键（器件编号为 14）接在 DE 两端，按下电键混响声响起，松开电键混响声停止。

（2）磁控太空大战音乐混响声：将电键（器件编号为 14）换成干簧管（器件编号为 13），用磁铁吸合干簧管，混响声响起。

（3）光控太空大战音乐混响声：将干簧管换成光敏电阻（器件编号为 16），用手遮挡光敏电阻的光线，混响声响起。

（4）水控太空大战音乐混响声：将光敏电阻换成触摸片（器件编号为 12），只要有水滴在触摸板上，混响声响起。

（5）声控延时太空大战音乐混响声：将蜂鸣片（器件编号为 11）接在 AB 两端，拍手或大声讲话，混响声响一遍自停。

（6）声控延时太空大战音乐混响声：将蜂鸣片（器件编号为 11）接在 BC 两端，操作同上。

15.2.2 音乐太空大战混响器电路图制作

按照任务 15.1 介绍的方法绘制音乐太空大战混响器电路图，此处不再赘述。

经过绘制后，音乐太空大战混响器电路图设计完成，如图 15-4 所示。该电路的功能是连接音乐和太空大战集成电路，外接一个按钮和扬声器，拼接好后，按下按钮，音乐和太空大战声同时响起。

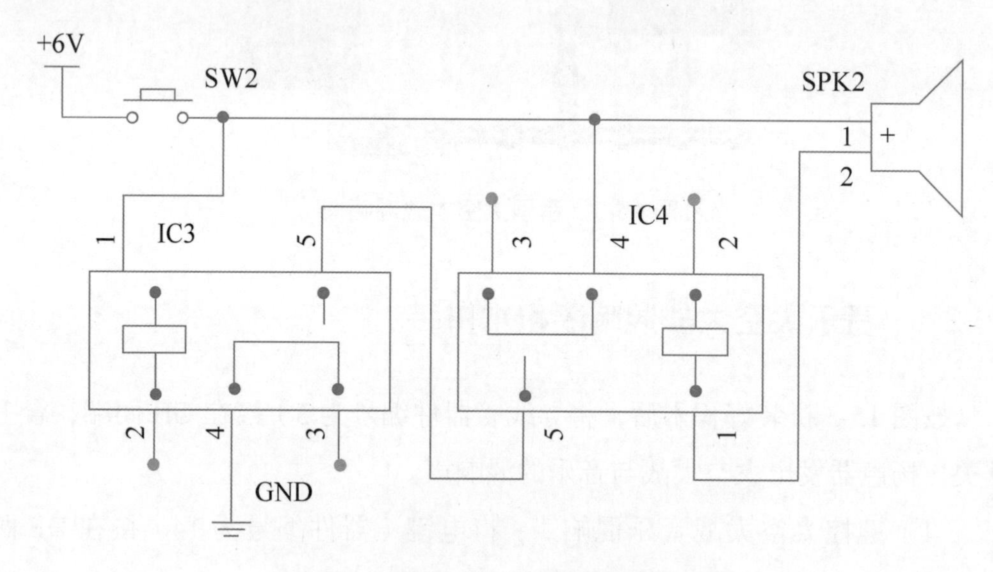

图 15-4 音乐太空大战混响器电路图

任务 15.3 混响声光器

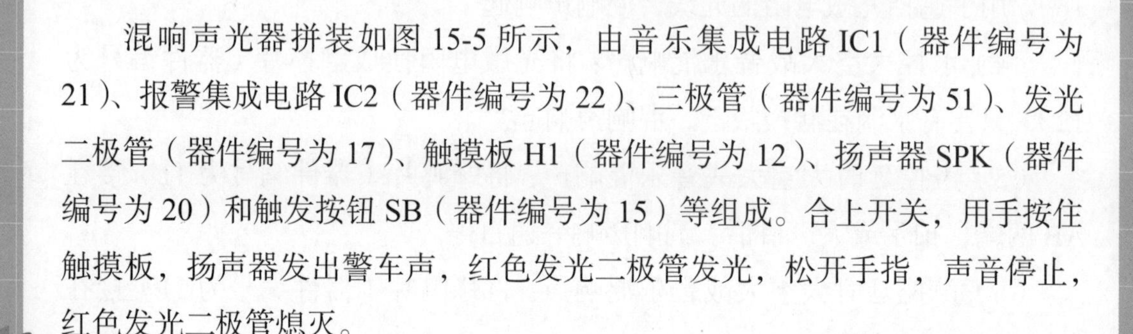

混响声光器拼装如图 15-5 所示，由音乐集成电路 IC1（器件编号为 21）、报警集成电路 IC2（器件编号为 22）、三极管（器件编号为 51）、发光二极管（器件编号为 17）、触摸板 H1（器件编号为 12）、扬声器 SPK（器件编号为 20）和触发按钮 SB（器件编号为 15）等组成。合上开关，用手按住触摸板，扬声器发出警车声，红色发光二极管发光，松开手指，声音停止，红色发光二极管熄灭。

15.3.1　混响声光器积木拼装

按图 15-5 拼装好积木后，进行如下操作。

（1）触摸红光发出警车声：合上开关，用手按住触摸板，扬声器发出警车声，红色发光二极管点亮，松开手指，声音停止，红色发光二极管熄灭。

（2）触摸红光发出机枪声：用导线单独连接 BC，然后用手按住触摸板，扬声器发出机枪声，发光二极管同时点亮。

（3）触摸红光发出消防车声：用导线单独连接 AB，然后用手按住触摸板，扬声器发出消防车声，发光二极管同时点亮。

（4）触摸红光发出救护车声：用导线单独连接 AD，然后用手按住触摸板，扬声器发出救护车声，同时发光二极管点亮。

（5）触摸红光发出笑声：用导线单独连接 AC，然后用手按住触摸板，扬声器发出笑声，同时发光二极管点亮。

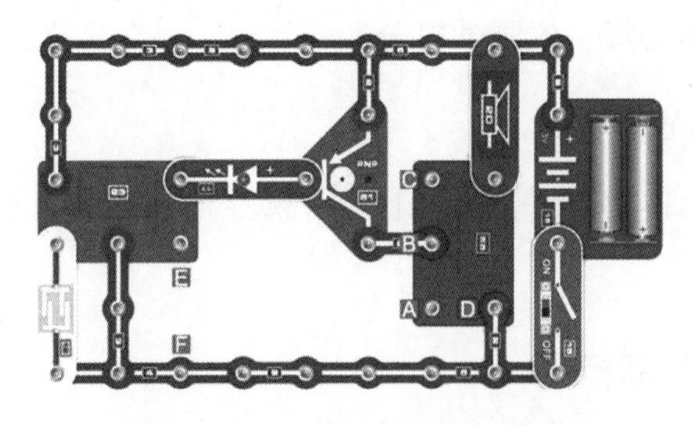

图 15-5　混响声光器积木拼装

15.3.2　混响声光器电路图制作

按照任务 15.1 介绍的方法绘制混响声光器电路图，此处不再赘述。

经过绘制后，一个混响声光器电路图设计完成，如图 15-6 所示。该电路的功能是连接音乐和太空大战集成电路，外接一个发光二极管，一个按钮，一个灯泡和一个扬声器，拼接好后，按下按钮，音乐和太空大战声响起，同时灯光点亮。

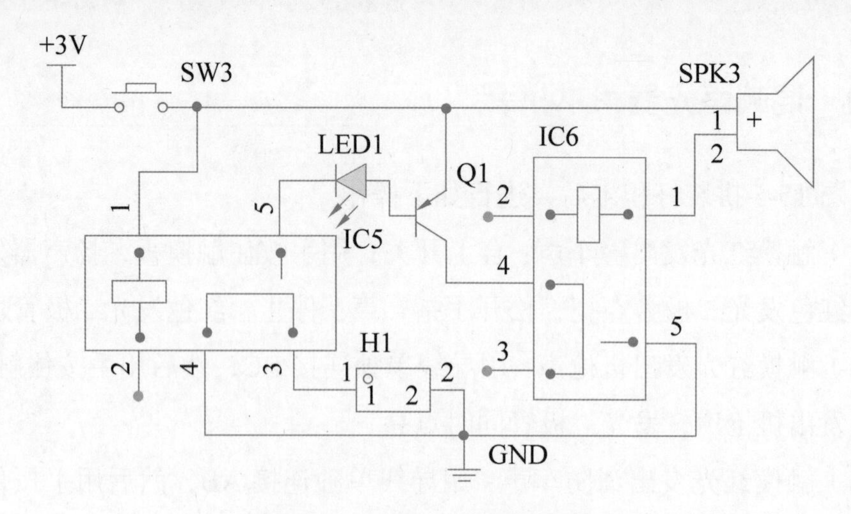

图 15-6　混响声光器电路图

任务 15.4　总结及评价

先分组进行总结，分别说出制作过程及体会，写出书面总结。再互相检查制作结果，集体给每一位同学打分。

1. 任务完成大调查

任务完成后，还要进行总结和讨论，教学时可用表 1-5 所示打分表来进行自我评价。

2. 行为考核指标

行为考核指标，主要采用批评与自我批评、自育与互育相结合的方法。采用自我考核和小组考核后班级评定的方法。班级每周进行一次民主生活会，就行为指标进行评议，教学时可用表 1-6 所示评分表来进行自我评价。

3. 集体讨论题

上网搜索音乐芯片制作技术，并进行思维导图式讨论。

4. 思考与练习

（1）掌握电子电路的基本设计方法，研究其规律。

（2）了解电子电路的种类。